Un manuel de pyrotechnie

ou un système familier de feux d'artifice récréatifs

GW Mortimer

Writat

Cette édition parue en 2024

ISBN : 9789359949796

Publié par
Writat
email : info@writat.com

Contenu

PRÉFACE.

L'introduction préfixée au petit manuel suivant remplace la nécessité d'une préface étendue et ne laisse guère plus à mentionner que la conception et l'occasion de l'ouvrage.

Le but de cet ouvrage est d'être un assistant utile à ceux qui aiment les divertissements rationnels et scientifiques, et l'occasion en découle de la grande rareté et de la difficulté générale de se procurer un ouvrage sur le sujet ; aucun n'ayant paru digne d'être remarqué depuis celui publié par le lieutenant Robert Jones, en 1760, et ceux des Artistes français mentionnés dans notre Introduction.

Dans le domaine didactique, l'auteur s'est parfois servi du langage des meilleurs écrivains, lorsque cela a été corroboré par l'expérience ultérieure.

La clarté a été un objet particulier tout au long de l'ouvrage, et lorsque des termes techniques [iv] ont été utilisés, ils sont généralement suivis d'explications familières, et l'auteur est assuré que l'ensemble sera trouvé parfaitement intelligible pour tout lecteur. Pour les pyrotechniciens expérimentés, on ne peut pas s'attendre à ce que ce petit ouvrage fournisse beaucoup d'informations supplémentaires, mais pour eux, il peut contenir quelques petits détails qu'ils ne connaissaient pas auparavant et qui, espèrent-ils, se révéleront acceptables en raison de leur utilité pratique.

L'Auteur publie ce petit ouvrage, avec le désir qu'il puisse être un assistant utile à ceux qui ignorent les principes de l'art dont il traite. Si d'une manière ou d'une autre cela devait contribuer à cet objectif, des excuses pour avoir imposé cela au public seront certainement inutiles.

1er janvier 1824.

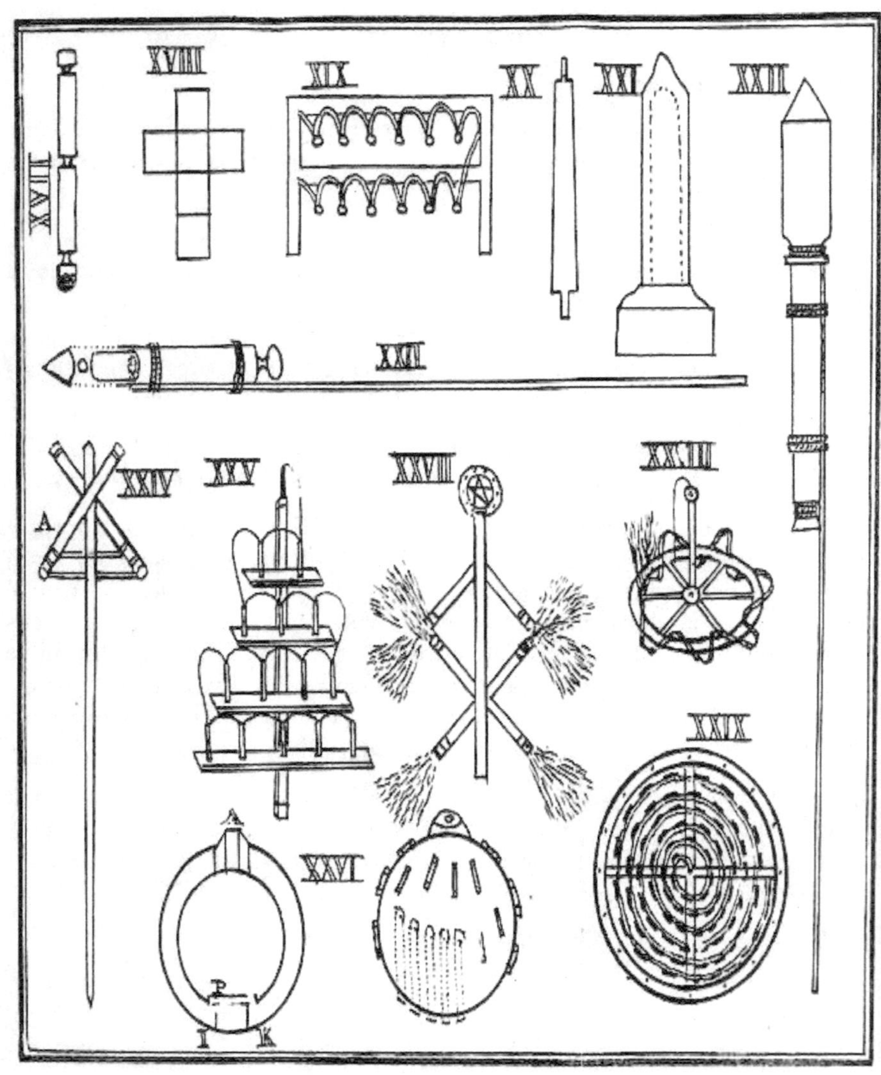

XVII
XVIII
XIX
XX
XXI
XXII
XXIII
XXIV
A
XXV
XXVII
XXVIII
XXIX
XXVI
A
P
I
K

(Fig. 17 à 29)

Introduction.

Le terme *Pyrotechnie* est dérivé de *pyr* et *techny* , les deux mots grecs signifiant FEU et ART ; ou c'est l'art d'employer le feu à des fins d'utilité ou de plaisir. Le terme a été appliqué par certains auteurs à l'utilisation et à la structure des armes à feu et à l'artillerie employée dans l'art de la guerre ; mais dans la présente publication, nous adopterons un point de vue différent sur le sujet ; car nous ne voyons aucun amusement dans le mouvement d'une balle, qui décime tant de nos semblables, ni dans l'action d'un obus, qui entraîne des ravages plus terribles.

Nous nous limiterons dans cet ouvrage à une application plus agréable du feu, et nous nous efforcerons de donner des règles claires et efficaces pour la gestion *sûre* de cet élément, et pour la fabrication, au moyen de poudre à canon et d'autres substances inflammables, de diverses compositions, agréables. à l'œil, à la fois par leur forme et leur splendeur, et pour décrire chaque article et instrument principal utilisé dans ces opérations agréables.

D'autre part, notre Ouvrage ne prétend pas dicter un ensemble *original* de règles et de recettes, à ceux qui se nomment *Artistes en Feux d'Artifice* , dont l'affaire exclusive est de fabriquer les différents articles dont il traite ; à ceux-là, on s'attend à ce que cela ne rapporte que peu d'instructions ; mais, pour le spécialiste de l'art, il est destiné (comme son titre l'exprime) à être un *manuel de pyrotechnie* et à traiter des feux d'artifice comme des objets d'amusement rationnel ; décrire de manière claire les matériaux et appareils utilisés dans leur construction ; et de sélectionner des exemples de leurs combinaisons particulières, qui sont calculés plutôt pour le détournement privé que pour l'exposition publique. Les instructions données ici (si elles sont strictement suivies) permettront aux jeunes de satisfaire leur goût pour ce genre de récréation à un prix relativement bas small expense, et en même temps les protégeront contre les accidents qui surviennent souvent aux ignorants, lors de la cuisson des œuvres plus importantes achetées. des créateurs ; et dans l'ensemble il observera strictement un principe d'économie, dont la négligence a si souvent retardé les opérations du génie.

Concernant l'origine de la Pyrotechnie, nos connaissances sont très limitées. On dit que les Chinois ont été les premiers à en avoir une connaissance pratique ou à amener cet art à un certain degré de perfection ; chez eux, l'usage des feux d'artifice aurait été très général, bien avant qu'ils soient connus dans les pays européens ; et d'après les récits de certaines expositions récentes à Pékin, il semblerait qu'ils aient atteint un degré de perfection qu'aucun de nos artistes modernes n'a surpassé : M. Barrow, dans ses « Voyages en Chine », donne, du Journal de Lord Macartney, la description suivante d'une de leurs expositions : « Les feux d'artifice, dans certains détails, dit-il, dépassaient tout ce que j'avais jamais vu de ce genre. En grandeur, en magnificence et en variété, ils étaient, je l'avoue, inférieurs aux feux d'artifice chinois que nous avions vus à Batavia, mais infiniment supérieurs en termes de nouveauté, de netteté et d'ingéniosité de fabrication. Une machine que j'ai beaucoup admirée : un coffre vert de cinq pieds carrés, élevé à by a pulleycinquante ou soixante pieds du sol, dont le fond était si artificiel qu'il tombait alors tout à coup et faisait place à vingt ou trente cordes de fil. des lanternes, enfermées dans une boîte, en descendaient, se dépliant les unes des autres par degrés, pour finalement former une collection de cinq cents, chacune ayant la lumière d'une flamme magnifiquement colorée qui brûlait vivement en elle. Ces and development oflanternes de dévolution ont été répétées plusieurs fois, et présentant à chaque fois une différence de couleur et de figure. De chaque côté se trouvait une correspondance de boîtes plus petites, qui s'ouvraient de la même manière que les autres, et laissaient tomber un immense réseau de feu, avec des divisions et des compartiments de formes et de dimensions diverses, rondes et carrées, hexagones, octogones, etc. qui brillait comme le cuivre bruni le plus brillant et brillait comme des éclairs prismatiques à chaque impulsion du vent. Le tout se termina par un volcan, ou explosion générale et décharge de soleils et d'étoiles, de pétards, de pétards, de fusées et de grenades, qui enveloppa les jardins pendant une heure dans un nuage de fumée intolérable. La diversité des couleurs, dont les Chinois ont le secret pour habiller leur feu, semble un des principaux mérites de leur « Pyrotechnie » ; et qui seul les mettrait sur un pied d'égalité avec les Européens. C'est à eux sans doute que nous devons la découverte de cette belle composition, que l'on connaît encore sous le nom de « feu chinois » : et c'est à eux également que nous devons la méthode de représentation par le feu, cette variété agréable et perpétuelle de figures qui (lorsqu'elles sont judicieusement disposées) semblent imiter dans la splendeur ces beautés infinies qui ornent notre hémisphère céleste. En Europe, on dit que les Florentins furent les premiers à connaître l'invention et, nous avons des raisons de penser que peu de temps après la découverte de l'usage de la poudre à canon et des armes à feu, vers la fin de l'époque. XIIIe ou début du XIVe siècle ; nous disons l' *usage* de la poudre à canon, ou son application aux armes à feu, car nous croyons que sa découverte est de beaucoup plus ancienne que celle qu'on lui attribue généralement : et, si l'invention de l'art des feux d'artifice n'est pas contemporaine de celle de la poudre à canon, n'est pas une question surchargée d'invraisemblance. Les Français ont publié plusieurs traités de pyrotechnie, comme le « *Traité des Feux d'Artifice pour le spectacle et pour la Guerre* », de Perrinet d'Orval. Le *Manuel d'Artificier*, du Père d'Incarville, andplusieurs autres de pareille nature : dans quelques-uns desquels, ils attachent aux Chinois une connaissance *très* ancienne de l'art, et par conséquent de la composition de la poudre à canon, ou du moins des effets d'une combinaison semblable, ne leur était pas entièrement inconnu. Mais comme les Français ont acquis leur connaissance de l'art auprès des Italiens, ils peuvent probablement se tromper quant à son invention : qu'ils le soient ou non, cela n'aura qu'un effet négatif sur l' œuvre actuelle. En retraçant ses progrès jusqu'en Angleterre, nous nous efforcerons de donner une aussi bonne description de l'état dans lequel il existe actuellement que la nature de notre travail le permet ; en supposant qu'il soit beaucoup plus proche de la perfection qu'à ses débuts, car nous croyons que les Anglais n'importent que ce qu'ils améliorent.

Un art qui fournit un champ d'amusement si étendu, réduit à des règles claires et simples, digérées d'une manière familière (que les capacités les plus limitées pourront comprendre), ne peut manquer de divertir tout admirateur de l'amusement scientifique.

Beaucoup ont regretté qu'aucune publication de même nature n'existe aujourd'hui ; et un écrivain célèbre, connu depuis longtemps du grand public, a même dit que « les Anglais n'ont aucun ouvrage respectable sur le sujet ».

Il appartient au lecteur sincère de déterminer dans quelle mesure le présent répondra à un tel souhait. L'auteur voudrait qu'il soit compris que, bien qu'il ait mené une partie de son ouvrage sur des principes mathématiques, il ne s'agit pas d'un ouvrage philosophique parfait sur le sujet, mais d'une tentative de rassembler dans un petit volume tout ce qui a été abordé. jusqu'ici été écrit sur le sujet; et si le Tyro Pyrotechnique reçoit une quelconque aide pour atteindre un art qui a pour objet une source de divertissement si inépuisable, le dessein de l'auteur sera positivement réalisé.

Bien que très long, nous ne pouvons terminer notre introduction sans observer que peu de spectacles sont plus beaux ou plus propres à divertir qu'un feu d'artifice bien dirigé, dans lequel sont exposés des corps si divers, si brillamment éclairés et disposés. sous les formes les plus variées : produisant tantôt des manations surprenantes et inattendues, se déplaçant avec rapidité dans l'air, jetant d'innombrables étincelles ou boules flamboyantes, qui s'envolent dans l'infini de l'espace ; d'autres explosant tout à coup, dispersent au loin des fragments lumineux de feu, que are trajected withle la plus rapide trépidation ; et d'autres encore tournent autour d'un centre tranquille, et par leurs révolutions produisent les plus beaux cercles de feu, qui semblent rivaliser les uns avec les autres dans leurs émanations de splendeur et de lumière.

Tel est un vague aperçu des divers effets qui peuvent être produits par·le feu, et pour lesquels nous nous efforcerons de donner toutes les instructions nécessaires ; et pour préparer les vêtements les plus agréables, dans lesquels cet élément peut être présenté.

SECTION I.

De la poudre à canon.

Avant d'entrer dans la partie pratique de la Pyrotechnie, nous jugeons conforme à la nature de notre Travail de donner une description détaillée des matériaux utilisés ; car nous ne tenons pas pour acquis que tous nos lecteurs sont *des chimistes* , ou qu'ils sont suffisamment versés dans cette science pour rendre une telle description inutile. Mais avant que les principes de l'art puissent être bien compris ou appliqués avec succès, il convient que l'artiste possède une partie de connaissances *chimiques* et *mécaniques ;* la première lui apprendra à choisir avec jugement ses matériaux, à les débarrasser des impuretés et à les combiner dans les proportions les plus appropriées à chaque usage particulier ; et celui-ci l'aidera à construire ses différentes pièces de manière à produire l'effet désiré avec le moins de perte de temps et de force. Nous différons la description des *appareils mécaniques* jusqu'à ce qu'ils soient immédiatement sous la main, et une telle longueur, nous pensons, sera propice à une meilleure compréhension de leur utilité : et, dans une autre section, nous lui apprendrons à calculer la direction dans laquelle le feu volant. les ouvrages (d'après leurs principes de construction) doivent se déplacer et la vitesse à laquelle ils doivent avancer.

La poudre à canon est le principal ingrédient utilisé en pyrotechnie ; et, étant en soi un composé, nous en ferons le premier objet de description, et nous nous efforcerons d'indiquer la cause de chaque propriété qu'il possède.

Son invention est attribuée, par Polydore Virgile, à un chimiste, qui a accidentellement mis une partie de la composition, à savoir. il mit du nitre, du soufre et du charbon de bois dans un mortier, et le recouvrit d'une pierre, quand il lui arrivait de prendre feu, et, ce qui était une conséquence naturelle (bien qu'inattendue) d'une telle combinaison, il brisa la pierre en morceaux.

Thevet dit que la personne dont il est question ici était un moine de Fribourg, nommé Constantin Anelzen ; mais Belleforet et d'autres auteurs, avec plus de probabilité, supposent qu'il s'agit de Bartholdus Schwartz, ou le Noir, qui l'a découvert, comme certains disent, vers l'année 1320 ; et la première utilisation en est attribuée aux Vénitiens en 1380, pendant la guerre avec les Génois ; et on dit qu'il fut d'abord employé dans un endroit anciennement appelé Fossa Clodia, aujourd'hui Chioggia, contre Laurent de Médicis ; et que toute l'Italie s'en plaignit, comme d'une violation manifeste de la guerre loyale.

Mais ce récit est contredit, et la poudre à canon semble appartenir à une époque antérieure, pour les Maures, lorsqu'ils furent assiégés en 1343 par

Alphonse XI. Le roi de Castille aurait tiré sur eux des sortes de mortiers de fer, qui faisaient un bruit de tonnerre ; et cette affirmation est appuyée par ce que Don Pedro, évêque de Léon, raconte du roi Alphonse, qui réduisit Tolède, à savoir. « que dans un combat maritime entre le roi de Tunis et le roi maure de Séville, il y a environ quatre cent cinquante ans, ceux de Tunis disposaient de certains tubes ou barils de fer avec lesquels ils lançaient des éclairs de feu.

De plus, il semble que notre Roger Bacon connaissait la poudre à canon près de cent ans avant la naissance de Schwartz. Cet excellent frère nous dit, dans son traité *De Secretis Operibus Artis & Naturæ, & de Nullitate Magiæ* , qu'avec du salpêtre et d'autres ingrédients, on peut faire un feu qui brûle à quelle distance on veut ; et l'auteur de la vie de frère Bacon dit que Bacon lui-même a divulgué le secret de cette composition dans un chiffre, en transposant les lettres des deux mots au chap. XI. du traité cité ci-dessus, où il est ainsi exprimé ; « sed tamen salis petræ *lura mope can ubre* , (c'est-à-dire carbonum pulvere) et sulphuris ; et sic facies tonitrum & corruscationem, si scias artificium : » et de là le biographe de Bacon comprend que les mots *carbonum pulvere* ont été transférés au sixième chapitre du MS du Dr Longbain. Dans ce même chapitre, Bacon dit expressément que des sons semblables à ceux du tonnerre <u>and coruscations</u>peuvent se former dans l'air, bien plus horribles que ceux qui se produisent naturellement. Il ajoute qu'il existe de nombreuses façons de procéder, par lesquelles une ville ou une armée pourrait être détruite ; et il suppose que, par un artifice de ce genre, Gédéon a vaincu les Madianites avec seulement trois cents hommes (Juges, chap. 7). Il n'y a qu'un autre passage dans le même but, dans son traité « De Scientia Experimentalia » : voir Édition du Dr Jebb de l'Opus Magus, p. 474. M. Robins craint (voir la préface de ses Tracts) que Bacon décrit la poudre à canon, non pas comme une nouvelle composition proposée pour la première fois par lui-même, mais comme l'application d'une ancienne composition à des fins militaires, et qu'elle était connue longtemps avant cette composition. temps.

Le Dr Jebb, dans sa préface à l'ouvrage cité ci-dessus, décrit deux sortes de feux d'artifice ; l'un pour voler, enfermé dans un étui ou une cartouche, long et mince, et rempli de la composition étroitement éperonnée, comme notre fusée moderne, et l'autre épais et court, fortement attaché aux deux extrémités, et à moitié rempli, ressemblant à notre cracker ; et la composition qu'il prescrit pour l'un et l'autre est de deux livres de charbon de bois, d'une livre de soufre et de six livres de salpêtre, bien pulvérisées et mélangées dans un mortier de pierre.

M. Dutens, dans son Enquête sur l'origine des découvertes attribuées aux modernes, porte l'antiquité de la poudre bien plus haut ; et fait référence aux récits donnés par Virgile, Hyginus, Eustathius, Valerius Flaccus et de nombreux autres écrivains de la même date.

Pour clore ce détail fastidieux, nous mentionnerons encore une œuvre, qui semble confirmer l'antiquité de cette composition, à savoir. le « Code des lois Gentoo », 1776 ; dans la préface de laquelle il est affirmé que la poudre à canon était connue des habitants de l'Hindostan, bien au-delà de toutes les périodes d'enquête.

Ayant dit tant de choses sur l'histoire et l'antiquité de cette merveilleuse composition, il nous reste à décrire la méthode par laquelle elle est maintenant fabriquée : mais pour conserver ce *gradatum* , ou ordre progressif, avec lequel nous avons commencé notre travail, il est nécessaire que nous décrivons d'abord les ingrédients qui le composent ; car ce n'est que par la connaissance des parties d'une composition quelconque que nous pouvons acquérir une bonne compréhension des propriétés du tout.

Il n'y a que trois ingrédients qui entrent dans la composition de Gunpowder ; ce sont le Salpêtre, le Soufre et le Charbon. Le premier est une combinaison d'acide nitrique [1] et de potasse [2] et est mieux connu en chimie moderne sous le nom de nitrate de potasse. La seconde est une substance très connue, par les propriétés inflammables qu'elle possède ; on le retrouve seul, ou combiné avec d'autres corps, dans des situations diverses ; dans les productions volcaniques, on le trouve presque dans son dernier degré de pureté : on le trouve aussi à l'état d'acide sulfurique ; c'est-à-dire combiné avec l'oxygène : on le trouve dans cet état dans l'argile, [3] le gypse, [4] &c. et il peut également être extrait de substances végétales et de matières animales. Le troisième et dernier est un article si connu dans le commerce, qu'il est presque inutile de le décrire ; nous observerons donc seulement que le charbon trouvé le meilleur pour la composition de la poudre à canon est celui de l'aulne, du saule ou du cornouiller noir.

Cette composition puissante est un mélange de ces trois ingrédients, combinés dans les proportions suivantes : pour 100 parties de poudre à canon, 75 parties de salpêtre, 10 parties de soufre et 15 parties de charbon de bois. Dans certains pays, les proportions sont quelque peu différentes ; mais c'est la combinaison dont se servent la plupart des fabricants anglais.

Le salpêtre est soit celui importé des Indes orientales, soit celui qu'on a extrait de la poudre à canon endommagée. Il est raffiné par solution, filtration, évaporation et cristallisation ; après quoi on le fond, en ayant soin de ne pas employer trop de chaleur, car il n'y aurait pas danger de décomposer le nitre.

Le soufre utilisé est celui importé de Sicile et raffiné par fusion et écrémage ; le plus impur est raffiné par sublimation.

Le charbon de bois est fabriqué de la manière suivante. Le bois est d'abord coupé en morceaux d'environ neuf pouces de longueur et placé dans un cylindre de fer placé horizontalement. L'ouverture frontale du cylindre est alors étroitement fermée : à l'autre extrémité se trouvent des tuyaux reliés à des tonneaux. Le feu étant fait sous le cylindre, l'acide pyro-ligneux [5] arrive. Le gaz s'échappe, et la liqueur acide est recueillie dans les tonneaux : le feu est entretenu jusqu'à ce qu'il n'en sorte plus de gaz ni de liquide, et le charbon [6] reste dans le cylindre.

Les trois ingrédients correctement préparés sont prêts pour la fabrication. Ils sont d'abord broyés séparément en une poudre fine, puis mélangés dans les proportions appropriées, puis envoyés au moulin dans le but d'incorporer leurs composants. Le moulin à poudre est un bâtiment léger en bois, avec un toit en planches, de sorte qu'en cas d'explosions accidentelles, le toit puisse s'envoler sans difficulté et dans la direction la moins nuisible, et être ainsi le moyen de conserver les autres parties du moulin. bâtiment.

Les parties opératives du moulin sont constituées de deux pierres placées verticalement et courant sur une autre placée horizontalement, qui est appelée pierre de fond ou auge. Sur cette pierre de base, environ quarante ou cinquante livres de composition sont étalées et humidifiées avec de l'eau jusqu'à ce qu'elles soient réduites à peu près à la consistance d'une pâte très dure : après que les coureurs de pierre ont fait les révolutions appropriées dessus, ce qui nécessite environ Pendant huit heures d'action continue du moulin, qui est actionné tantôt par des chevaux, tantôt par de l'eau, il est ensuite retiré du moulin et envoyé à la corning-house pour y être salé ou grainé. Ici, on le forme en morceaux durs, et ceux-ci sont mis dans des tamis circulaires, à fond de parchemin, perforés de trous de différentes tailles, et fixés dans un cadre relié à une roue horizontale. Chacun de ces tamis est également muni d'un coureur ou sphéroïde de lignum vitæ, qui, mis en mouvement par l'action des roues, force la pâte à travers les trous du fond du parchemin, formant des grains de différentes grosseurs. Les grains sont ensuite séparés de la poussière par des tamis et des bobines prévus à cet effet. Les grains sont ensuite durcis et les bords les plus rugueux sont enlevés en les secouant pendant un certain temps dans une bobine fermée, déplacée dans une direction circulaire avec une vitesse appropriée.

Lorsque la poudre a été moulue, saupoudrée et glacée, elle est séchée dans le poêle, où il faut prendre grand soin d'éviter une explosion. Le poêle est un appartement carré dont trois côtés sont garnis d'étagères ou de caisses, sur des supports appropriés, disposées autour de la pièce ; et le quatrième contient un grand récipient en fonte, appelé « ténèbres », qui fait saillie dans la pièce et est chauffé du dehors, de sorte qu'aucune partie du combustible ne puisse toucher la poudre. Pour une plus grande sécurité contre les étincelles par frottement accidentel, les ténèbres sont recouvertes de feuilles de cuivre, et sont toujours froides lorsque la poudre est introduite ou retirée de la chambre.

Ici, les grains sont soigneusement séchés, perdant ainsi ce qui reste de l'eau ajoutée au mélange dans le moulin, pour l'amener à une rigidité de travail. Une méthode de séchage de la poudre, au moyen de conduites de vapeur qui parcourent et traversent l'appartement, a été essayée avec succès ; et ainsi la possibilité de tout accident corporel dû à une surchauffe est évitée. La température de la pièce, lorsqu'elle est chauffée de la manière ordinaire par un poêle à ténèbres, est toujours réglée par un thermomètre accroché à la porte du poêle.

Si la poudre à canon est légèrement endommagée par l'humidité, elle peut être récupérée en la séchant de nouveau dans un poêle ; mais si les ingrédients sont décomposés, il faut extraire le nitre par ébullition, filtration, évaporation, cristallisation, etc. puis, avec du soufre frais et du charbon de bois, pour être refabriqué.

Il existe plusieurs méthodes pour prouver et tester la qualité et la force de la poudre à canon. Les méthodes suivantes, en tant que méthodes courantes, sont fréquemment utilisées. 1, À vue ; car s'il est trop noir, il est trop humide ou contient trop de charbon de bois ; de même, si on la frotte sur du papier blanc, elle le noircit plus que ne le fait une bonne poudre. 2, au toucher ; car si en les écrasant avec le bout des doigts, les grains se brisent facilement et se transforment en poussière sans être durs, il y a trop de charbon dedans ; ou si, en appuyant sous vos doigts sur une planche lisse et dure, certains grains semblent plus durs que les autres, ou, pour ainsi dire, bossent le bout de vos doigts, le soufre n'est pas bien mélangé au nitre, et la poudre est mauvaise. Et aussi en brûlant, méthode selon laquelle de petits tas de poudre sont disposés sur du papier blanc à trois ou quatre pouces les uns des autres, et l'un d'eux est tiré ; ce qui, si la flamme monte rapidement et avec un bon rapport, laissant le papier exempt de taches blanches et sans y brûler de trous, et si des étincelles s'envolent et mettent le feu aux tas voisins, la qualité de la poudre peut être en toute sécurité invoqué; mais s'il en est autrement, ou bien il est mal fait, ou les ingrédients sont impurs.

Ce sont quelques-unes des méthodes couramment utilisées à cette fin ; mais pour une plus grande précision dans la détermination de la force relative de la poudre à canon, diverses machines ont été récemment inventées par des hommes liés aux affaires militaires. Cet excellent mathématicien et philosophe, C. Hutton, LL.DFRS et ancien professeur de mathématiques à l'Académie royale militaire de Woolwich, a construit à cet effet une machine qui, en termes de commodité et de précision, surpasse de loin tout ce qui a été inventé jusqu'à présent. . On l'appelle Eprouvette, ou Gunpowder Prover, (pour les plans et la description, voir le troisième vol. Hutton's Tracts, page 153 ;) et, parce qu'il possède tant d'avantages particuliers, il est maintenant généralement utilisé. Il se compose d'un petit canon dont l'alésage mesure environ un pouce de diamètre, suspendu librement comme un pendule, avec l'axe dans une direction horizontale. Celui-ci étant chargé de la quantité appropriée de poudre, qui est habituellement d'environ deux onces, puis tiré, le canon oscille ou recule vers l'arrière, et l'instrument lui-même montre l'étendue de la première ou de la plus grande vibration, qui indique la force avec la plus grande précision. . La machine entière est si simple, si facile et si rapide à utiliser, que la pesée de la poudre constitue la plus grande partie de la peine ; et il est aussi si uniforme avec lui-même, que les répétitions ou tirs successifs avec la même quantité de la même espèce de poudre ne donnent presque jamais une différence du centième par rapport à la première vibration.

Ayant ainsi rendu compte de presque tout ce qu'il est nécessaire de savoir concernant le processus de fabrication et la détermination de la force relative de la poudre à canon, nous terminerons cet article par quelques observations (qui seront choisies parmi les meilleures autorités) sur la physique. causes de son inflammation et de son explosion. Lorsque les divers ingrédients de la poudre à canon sont convenablement préparés, mélangés et grainés, de la manière déjà décrite, si la moindre étincelle est frappée dessus avec un acier et un silex, le tout s'enflammera immédiatement et éclatera avec une extrême violence.

L'effet n'est pas difficile à expliquer : la partie charbonneuse des grains sur laquelle tombe l'étincelle, prenant feu comme de l'amadou, le soufre et le nitre sont déjà fondus, et le premier s'enflamme également ; et en même temps les grains contigus subissent le même sort. — Or on sait que le salpêtre, lorsqu'on s'enflamme, se raréfie à un degré prodigieux. Sir Isaac Newton raisonne ainsi à ce sujet : « le charbon et le soufre contenus dans la poudre à canon prennent facilement feu et allument le nitre ; et l'esprit du nitre, étant ainsi raréfié en vapeur, se précipite avec une explosion à peu près de la même manière que la vapeur d'eau sort d'un æolipils ; le soufre aussi, étant volatil, se change en vapeur, et augmente l'explosion : ajoutez que la vapeur acide du soufre, savoir celle qui distille sous cloche en huile de soufre, entrant violemment dans le corps fixe du nitre, libère l'esprit du nitre, et excite une plus grande fermentation, par laquelle la chaleur est encore augmentée, et le corps fixe du nitre est également raréfié en fumée ; et l'explosion est ainsi rendue plus véhémente et plus rapide.

Car si du sel de tartre est mélangé avec de la poudre à canon, et que ce mélange est chauffé jusqu'à ce qu'il prenne feu, l'explosion sera beaucoup plus violente et plus rapide que celle de la poudre à canon seule, qui ne peut provenir d'aucune autre cause que l'action de la vapeur de la poudre à canon. sur le sel du tartre, grâce auquel le sel est raréfié.

L'explosion de la poudre à canon provient donc de l'action violente par laquelle tout le mélange, chauffé rapidement et avec véhémence, est raréfié et converti en fumée et vapeur ; laquelle vapeur, par la violence de cette action, devient si chaude qu'elle brille et apparaît sous la forme d'une flamme.

Une autre cause des effets de la poudre à canon peut être due à la formation soudaine d'une quantité de gaz, et elle est par conséquent plus grande lorsque le gaz est confiné dans toutes les directions sauf une, comme dans nos canons et nos canons. L'acide nitrique du salpêtre se décompose et fournit le gaz. Les autres ingrédients le rendent facilement enflammé, ce qui est nécessaire à la décomposition de l'acide. Le Dr Ingenhousy explique l'effet de la poudre à canon en observant que le nitre produit par la chaleur une quantité surprenante d'air pur déphlogistiqué, et le charbon une quantité considérable d'air inflammable ; le feu employé pour enflammer la poudre dégage ces deux airs, et y met le feu au moment de leur extraction.

Le comte Rumford est d'avis que la force du fluide élastique, généré lors de la combustion de la poudre à canon, peut être expliquée de manière satisfaisante en supposant que sa force dépend uniquement de l'élasticité de la vapeur d'eau ou de la vapeur.

M. de la Hire, dans l'histoire de l'Académie française de 1702, attribue toute la force et l'effet de la poudre à canon au ressort ou élasticité de l'air enfermé dans les divers grains de celle-ci, et dans les intervalles ou espaces entre les grains, le la poudre allumée fait jouer les ressorts de tant de petites parcelles d'air, et les dilate toutes à la fois, d'où l'effet ; la poudre elle-même ne servant qu'à allumer un feu qui puisse mettre l'air en action, après quoi le tout se fait par l'air seul.

Le docteur Hutton semble différer de l'opinion de M. de la Hire sur l'expansion de la poudre à canon enflammée. Est-ce, observe-t-il, occasionné par l'air interposé entre ses grains, ou par le fluide aqueux qui entre dans la composition du nitre ? Nous doutons beaucoup (continue-t-il) que ce soit l'air, car son expansibilité ne semble pas suffisante pour expliquer le phénomène ; mais on sait que l'eau, transformée en vapeur par le contact de la chaleur, occupe un espace 14,000 fois plus grand que sa masse primitive, et que sa force est très-considérable.

Le même savant auteur dit que la découverte de la véritable cause de la force expansive de la poudre à canon tirée est principalement due aux philosophes anglais, et particulièrement au savant et ingénieux M. Robins. Cet auteur comprend que la force de la poudre à canon tirée consiste dans l'action d'un fluide élastique en permanence, soudainement dégagé de la poudre par la combustion, semblable à certains égards à l'air atmosphérique commun, du moins quant à son élasticité. Il montra, par des expériences satisfaisantes, qu'un fluide de cette espèce se dégage effectivement par la cuisson de la poudre ; et qu'il est élastique *en permanence* , ou conserve son élasticité à froid, dont il a mesuré la force dans cet état. Il en mesura également la force lorsqu'il était enflammé, par une méthode des plus ingénieuses, et trouva que sa force dans cet état était environ mille fois supérieure à la force ou à l'élasticité de l'air atmosphérique commun. Ceci, observe notre docteur, n'est pas son plus haut degré de force, car on constate qu'il augmente en force lorsqu'il est tiré en plus grande quantité que celles employées par M. Robins ; à tel point que, grâce à des expériences plus précises, nous avons constaté que sa force s'élève jusqu'à 1 600 ou 1 800 fois la force de l'air atmosphérique dans son état habituel. Il est peu probable que cela puisse aller bien au-delà, ni même possible, s'il y a quelque vérité dans les principes physiques communs et autorisés de la mécanique. Avec un fluide élastique, d'une force donnée, nous connaissons ou calculons infailliblement les effets qu'il peut produire en poussant un corps donné ; et d'autre part, d'après les effets ou vitesses avec lesquels des corps donnés sont poussés par un fluide élastique, nous connaissons certainement la force ou la force de ce fluide, et nous avons trouvé que ces effets s'accordent parfaitement avec la force mentionnée ci-dessus. La découverte et les opinions de M. Robins ont également été corroborées par d'autres, parmi les meilleurs chimistes et philosophes. Lavoisier était d'avis que la force de la poudre tirée dépend, dans une large mesure, de la force expansive du calorique non combiné, censé être libéré en grande abondance, pendant la combustion ou la déflagration de la poudre. Et Bouillon Lagrange, dans son cours de Chimie, dit que lorsque la poudre prend feu, il se produit un dégagement de gaz azotique, qui se dilate d'une manière étonnante lorsqu'on le met en liberté ; et nous ignorons même encore l'étendue de la dilatation occasionnée par la chaleur provenant de la combustion. Une décomposition de l'eau a également lieu, et l'hydrogène gazeux se dégage avec élasticité ; et par cette décomposition de l'eau il se forme du gaz acide carbonique, et même du gaz hydrogène sulfuré, qui est cause de l'odeur hépatique que dégage la poudre brûlée.

On a constaté par expérience que la poudre granulée s'enflamme beaucoup plus rapidement que celle qui ne l'est pas ; celui-ci ne s'enflamme que lentement, tandis que l'autre s'enflamme presque instantanément ; et des espèces granulées, celles en grains ronds beaucoup plus tôt que celles en grains oblongs et irréguliers ; la cause peut provenir de ce que la première laisse à la flamme des interstices plus grands et plus libres, qui produisent l'inflammation avec beaucoup plus de rapidité.

La poudre à canon est censée exploser à environ 600° Fahr. mais s'il est chauffé à un degré juste au-dessous de celui d'une légère rougeur, le soufre brûlera en grande partie, laissant le nitre et le charbon inchangés.

Des expériences ont également prouvé que les variations de l'état de l'atmosphère n'altèrent en rien l'action de la poudre. En comparant plusieurs essais faits à midi, sous le soleil le plus chaud de l'été, avec ceux faits le matin et le soir, aucune différence certaine n'a pu être perçue ; et il en était de même de ceux faits la nuit et en hiver. Et en effet, considérant les principes de l'explosion, et qu'elle contient toujours la même quantité de fluide élastique, il est difficile de concevoir comment sa force peut être affectée par la densité ou la rareté de l'atmosphère.

L'action et la nature de cette formidable composition étant maintenant assez complètement décrites, nous passerons à l'objet principal de notre travail, celui de construire les articles les plus courants et les plus curieux pour les expositions pyrotechniques.

SECTION II.

Matériaux.

Ayant, dans la section précédente, entré assez largement sur la nature et les propriétés de la poudre à canon, et par conséquent sur les ingrédients qui la composent, toute autre observation sur eux serait inutile, pourvu que les ingrédients et les proportions restent toujours les mêmes. Mais comme les ingrédients utilisés dans la fabrication de cet article sont fréquemment employés dans diverses autres proportions, pour former des compositions destinées à remplir des feux d'artifice, il est nécessaire de donner quelques indications supplémentaires pour le choix et la purification de ces articles, qui, avec les Les appareils utilisés dans la fabrication des feux d'artifice feront l'objet de la présente section.

Nitre.

1. NITRE. — Parmi les divers articles utilisés dans la composition, aucun n'a plus d'importance que le salpêtre, car de la quantité et de la pureté de celui-ci dépendent toute la force et une grande partie de l'éclat du feu. L'espèce la plus commune est celle habituellement vendue par les épiciers, et est généralement en gros morceaux formés d'un assemblage de petits cristaux quelque peu transparents et souvent mêlés de matière terreuse et de beaucoup d'autres impuretés. Dans son état le plus pur, il se présente sous la forme de petits cristaux prismatiques à six faces, qui ne sont pas susceptibles de devenir humides ou poudreux lorsqu'ils sont exposés à l'air. Le nitre pur est maintenant devenu très cher, il est donc important de savoir comment le nitre commun, ou le nitre du commerce, peut être purifié, car il s'avère qu'il ne répond à aucun besoin en pyrotechnie à moins qu'un tel changement ou une telle purification n'y ait été effectué.

Le nitre se révèle (comme la plupart des autres corps salins) beaucoup plus soluble dans l'eau bouillante que dans l'eau à température ordinaire. Si donc le nitre du commerce est dissous dans une petite quantité d'eau bouillante, et que la solution est convenablement filtrée, la liqueur, lorsqu'elle est froide, donnera des cristaux très purs. Voici la méthode la plus commode de procéder : dissoudre le nitre dans de l'eau bouillante (qui doit être de l'eau douce) dans la proportion d'environ un litre pour chaque livre de nitre ; et pour que la dissolution puisse être plus facilement effectuée, que le nitre soit réduit en poudre avant d'être immergé, et que le vase contenant le nitre et l'eau soit maintenu à la chaleur bouillante jusqu'à ce que tout le sel soit dissous ; puis filtrez la liqueur, encore chaude, à travers un papier buvard épais, placé dans un entonnoir propre ; et mis par la liqueur filtrée dans un récipient peu profond, dans un endroit froid, pour cristalliser. Les cristaux ainsi obtenus doivent être séchés d'abord sur du papier buvard, puis devant le feu, et conservés pour leur utilisation. De la solution restante, parfois appelée *eau mère*, on peut obtenir des cristaux frais en la faisant bouillir dans un récipient en étain propre jusqu'à ce qu'une écume filmeuse apparaisse à la surface, puis en la filtrant sur du papier et en la mettant de côté pour qu'elle cristallise comme auparavant.

On peut aussi obtenir du nitre très pur à partir de poudre à canon endommagée, qu'on peut parfois se procurer à bon marché dans les magasins où on la vend à cet effet. La poudre endommagée doit être broyée avec une petite quantité d'eau chaude, dans un grand mortier de bois ou de pierre, sinon elle peut être bouillie à feu doux, avec autant d'eau qu'elle peut la recouvrir, jusqu'à ce que la plus grande quantité possible de nitre soit éliminée. dissous; la liqueur doit ensuite être filtrée à travers un épais sac de flanelle, puis filtrée sur du papier buvard lorsqu'elle est chaude, le sédiment doit être bouilli jusqu'à ce qu'une pellicule remonte à la surface ; à nouveau filtré et mis à refroidir et à cristalliser, comme indiqué dans le processus de la méthode précédente.

Comme le nitre doit toujours être réduit en poudre fine, avant de le mélanger avec d'autres substances, cela se fait facilement en le dissolvant dans un peu plus que son propre poids d'eau bouillante, en gardant la solution sur un feu doux et en la remuant continuellement. avec un bâton plat jusqu'à ce que toute l'eau soit évaporée, puis la poudre doit être retirée et séchée devant un feu doux ; pendant quoi il faut avoir soin de ne pas le laisser rester trop longtemps, ni exposé à une trop grande chaleur, sinon il fondrait en un gâteau ferme. Le séchage peut être complété en le laissant rester un temps suffisant sur le papier avant le feu. Pour la purification du salpêtre, ces deux méthodes peuvent (en suivant les instructions qui précèdent) être pratiquées avec succès ; mais des deux, nous recommandons plus fortement le premier.

Soufre.

2. SOUFRE. — Le soufre est l'ingrédient suivant, en termes d'importance, comme étant la matière la plus inflammable que nous connaissions. Il existe dans trois États, dans lesquels il est occasionnellement employé dans les feux d'artifice ; le premier est celui apporté du voisinage des volcans, et est appelé *soufre natif*, mais plus communément *soufre vivum*, bien que (on peut le remarquer) ce qui se vend dans les magasins sous ce nom soit une poudre de crasse, les déchets laissés après purification. . La seconde est celle en rouleau, appelée *rouleau de soufre*, ou *pierre de soufre*. Le troisième est le *soufre sublimé*, ou comme on l'appelle communément *la fleur de soufre* ; celui-ci, lorsqu'il est authentique, est le plus pur et s'avère être le meilleur pour tous les articles agréables et délicats, et comme il est déjà à l'état de poudre, il est de loin le

plus pratique, car les autres nécessitent d'être moulus ou repassés avant d'être consommés. utilisé. La première espèce est la moins coûteuse et répond assez bien à tous les objets gros et grossiers, mais comme elle est le plus souvent mélangée à des matières terreuses et à d'autres impuretés, nous n'en recommanderions pas beaucoup l'emploi. La seconde se révèle la plus résistante, et celle qui est la plus employée, particulièrement pour la plupart des objets ordinaires ; mais tel est le désir du gain, que cet article de soufre ne passe pas entre les mains des marchands sans que sa qualité soit réduite par la falsification, qu'ils effectuent en y mêlant de la colophane, de la farine, etc. ; lorsqu'il est pur, il est d'une couleur jaune vif, dense mais pas trop lourd, se fissure facilement sous la chaleur de la main, et les parties cassées paraissent brillantes et cristallisées. Il y a une autre espèce de *soufre* (quoique peu connue chez les marchands) qui ne brûle pas comme les autres, et, ce qui est assez singulier, il ne dégage aucune odeur de soufre, car mis au feu il fond comme la cire vulgaire ; cette espèce se trouve en grande abondance en Islande près du mont Hecla et de la Carniole. Ce soufre est communément d'une couleur rougeâtre, comme celui qu'on trouve dans le détroit d'Heildesheim, où il est également de plusieurs couleurs, comme le jaune pâle et le vert, et adhère généralement à la surface des pierres et des rochers, d'où il peut être facilement brisé. retiré et collecté ; celui qui est parfaitement jaune de chaque espèce est le meilleur. Celui de notre première description, ou *soufre vivum* , est parfois appelé *soufre vif* , parce qu'il ne subit aucune modification par le feu, depuis qu'il est produit par la nature ; et dans certains pays, on l'appelle *soufre vierge* , parce que les femmes et les jeunes filles de Campanie en font souvent une sorte de peinture, dans un but non moins délicat que celui d'embellir le visage. Si l'une ou l'autre espèce est rencontrée à l'état impur, la méthode suivante peut être appliquée à des fins de purification.

Pour purifier le Soufre.

3. *Purifier le soufre.* — Faites-en fondre une quantité dans une poêle de fer, ce qui fera précipiter les parties terreuses et métalliques, puis versez-le dans un chaudron de cuivre, où il formera un autre dépôt de la matière impure avec laquelle il est mêlé ; après l'avoir gardé quelque temps fondu, versez-le dans des moules cylindriques en bois, afin d'en faire des bâtonnets ; les moules peuvent avoir un diamètre d'environ un pouce ; leur longueur peut être diverse. Si le soufre prend feu au cours de cette opération, il peut être rapidement éteint en couvrant le récipient jusqu'au sommet.

Charbon.

4. LE CHARBON DE BOIS est aussi un ingrédient considérable dans nos compositions, mais il est d'une nature beaucoup plus simple que celle des précédentes. Il peut généralement être acheté dans les quincailleries ou dans les fonderies, ou il peut être facilement préparé, pour lequel il faut mettre une

quantité de petits morceaux de bois, comme du hêtre ou de l'aulne, dans un grand pot de terre ou de fer, en remplissant les vides. , et recouvrir le dessus de sable ; puis en plaçant le pot au milieu d'un feu vif, et en le maintenant au feu rouge pendant deux ou trois heures, comme le sable exclut l'air, le bois est ainsi réduit en charbon de bois sans possibilité de le consommer ; et lorsque le pot est froid, le charbon de bois doit être retiré et conservé pour être utilisé dans un endroit très sec. De petites quantités ne doivent être préparées qu'à la fois, car il est toujours préférable de les préparer nouvellement.

Poussière d'acier.

5. LA POUSSIÈRE D'ACIER est un autre ingrédient important dans les feux d'artifice, car elle est mélangée avec de la poudre de farine ou une autre composition, et le mélange enflammé dans un tube ou un étui approprié, le jet de feu produit un aspect des plus brillants par les étincelles qui en résultent. de l'inflammation du fer dans l'oxygène gazeux du nitre.

La limaille de fer (car cette poussière d'acier n'est rien d'autre que du fer pur réduit en petites particules par limage ou par quelque autre méthode) lorsqu'elle est exempte de rouille et non mélangée à aucune impureté, répond très bien ; mais les fabricants de feux d'artifice préfèrent généralement la fonte réduite en poudre, en en battant de fines plaques sur une enclume de fonte avec un gros marteau, et en tamisant les particules brisées à travers des tamis de fil de laiton ou de fer, de différents degrés de finesse. de manière à séparer les particules en grains de différentes tailles, selon la grandeur des morceaux. Les grains ainsi triés ont été appelés *sables de fer* , et ont été distingués en sables de trois ou quatre *ordres* , selon leur finesse respective ; ainsi le sable qui passe au tamis le plus fin est appelé sable du *premier ordre* ; et celui qui passe par le second, sable du *second ordre* ; et ainsi de suite jusqu'au quatrième, qui est généralement très grossier. Le plus fin est calculé pour les feux d'artifice de la plus petite dimension, le second pour les pièces un peu plus grosses, et celui du dernier ordre, seulement pour les pièces de la plus grande dimension, telles que les gerbes de six ou huit livres, dont la composition est de force proportionnelle pour amener des particules aussi grosses dans un état d'inflammation.

Comme ces grains sont très sujets à rouiller en les gardant, il faut les conserver soit dans des flacons bien bouchés, bien séchés, soit dans des caisses qui se ferment et sont tapissées de papier imbibé d'huile de lin. Il arrive quelquefois que des feux d'artifice soient obligés de rester longtemps ou d'être envoyés à l'étranger ; ce qui ne pourrait être fait avec les feux brillants, s'ils étaient faits avec de la limaille non préparée, pour cette raison que le salpêtre étant de nature humide, il fait rouiller le fer ; la conséquence en est que lorsque les œuvres sont cuites, il n'apparaîtra que très peu d'étincelles brillantes, mais à leur place un certain nombre d'étincelles rouges et crasseuses ; et d'ailleurs la charge sera tellement affaiblie que si cela avait lieu dans des roues, le feu serait à peine assez fort pour les faire tourner ; mais pour éviter de tels échecs dans leur cuisson, la limaille ou le sable de fer peut être préparé ainsi :

Pour préparer du sable de fer.

6. *Préparer du sable de fer.* — Faites fondre dans une poêle en terre vernissée du soufre à feu lent, et une fois fondu, ajoutez-y quelques limaille, qui continuent de remuer jusqu'à ce qu'elles soient toutes recouvertes de soufre, cela doit être fait pendant qu'il est sur le feu ; puis enlevez-le et remuez-le très rapidement jusqu'à ce qu'il soit froid, puis il doit être roulé sur une planche avec un rouleau de bois, jusqu'à ce qu'il soit brisé aussi finement que de la poudre de maïs, après quoi vous en tamisez autant de soufre que possible.

Deuxième méthode.

Deuxième méthode. — Il existe une autre méthode pour conserver les limailles, afin de les conserver deux ou trois mois en hiver, qui se fait en les frottant entre du papier brun fort, préalablement humidifié avec de l'huile de lin. En chauffant le soufre, les précautions données à l'article 3 doivent être observées dans le cas où il prendrait feu.

Il faut observer in fine sur cet article, qu'il conviendra de prévoir un peu de peine dans la préparation de ce sable de fer granulé, car la fonte étant d'une nature si dure qu'elle ne peut pas être coupée à la lime, nous sommes obligé de le pulvériser, ou de le réduire en grains, par le procédé que nous avons décrit, et qui est assez difficile à réaliser ; mais quand on considère les belles étincelles que produit ce fer, il ne faut épargner aucune peine pour granuler un matériau aussi essentiel.

Il faut observer en outre que, lorsqu'on ne peut se procurer ces plaques de fer, on peut employer un vieux pot en fonte ; mais il faut particulièrement veiller à ce que sa surface soit parfaitement exempte de rouille et d'autres impuretés avant d'être pulvérisée, sinon elle détruirait entièrement l'effet qu'elle est censée produire.

C'est aux Chinois que l'on doit cette méthode pour rendre le feu si brillant et si varié dans ses couleurs, qui l'ont découvert bien avant que le Père d'Incarville ne le fit connaître aux pays européens. Ce sable, lorsqu'il s'enflamme, émet une lumière extrêmement vive ; et il est surprenant de voir des fragments de cette matière, pas plus gros qu'une graine de pavot, former tout à coup des fleurs lumineuses d'étoiles, de douze à quinze lignes de diamètre. Ces fleurs sont aussi de formes différentes, selon celle du grain enflammé, et même de couleurs différentes, selon les matières avec lesquelles les grains sont mêlés. Mais les fusées dans lesquelles cette composition entre, ne peuvent être conservées longtemps, à moins d'être préparées comme décrit dans la première partie de cet article.

Il y a beaucoup d'autres substances employées occasionnellement dans la composition des feux d'artifice, mais comme on peut se les procurer chez tous les pharmaciens et droguistes prêts à cet usage, nous jugeons inutile de donner à leur sujet aucun détail, au-delà d'une énumération. Ce sont principalement les suivants, à savoir. *Le camphre* , qui sert à améliorer l'apparence du feu ; *l'Antimoine* , ou *Sulphure d'Antimoine* , *le Sal-ammoniac* , *le Verdigrease* et *la Pitch* , pour donner au feu des nuances de couleur différentes et particulières ; *Fleurs de Benjamin* , ou *acide benzoïque* , pour lui donner une odeur agréable ; et *les spiritueux de vin* , ou *spiritueux camphrés* , pour mélanger les ingrédients dans une pâte. Ces liquides se révèlent bien meilleurs que l'eau ordinaire ou l'eau de gomme, qu'on emploie quelquefois, parce qu'ils ne dissolvent pas le salpêtre, et ne sont donc pas susceptibles de produire une séparation des matières employées. *Le noir de fumée* est parfois utilisé à la place du charbon de bois et est censé avoir pour effet de diminuer la chaleur du feu, sans en diminuer sensiblement l'éclat. C'est donc un ingrédient considérable dans ce qu'on appelle *le feu froid* , que seeming paradox of nous réconcilierons plus tard. Dans le même but, celui de diminuer la force de la composition, on a fréquemment employé *de la poudre de verre* et *de la sciure de bois* ; mais probablement ces effets pourraient être meilleurs, et avec plus de certitude répondus, en diminuant la proportion de nitre.

Huile de Camphre.

7 HUILE DE CAMPHRE. - Ce liquide est fréquemment utilisé dans le but d'humidifier les compositions ; on l'obtient ainsi facilement : mettez une petite quantité de Camphre dans un mortier de laiton, et ajoutez-y un peu d'huile d'amande douce, assez pour le réduire en une pâte ferme, puis travaillez bien le mélange, et il deviendra vert. couleur, puis ajoutez une quantité suffisante d'huile pour la liquéfier avant son utilisation. Il faut observer sur l'usage de ce liquide, que la composition dans laquelle il entre doit être tenue le plus possible à l'abri de l'air, car une exposition à celui-ci la fera s'évaporer, et provoquera par là un échec dans l'exposition.

Benjoin.

8. BENJOIN. — Le benjoin, ou comme on l'appelle vulgairement Benjamin, est une matière résineuse obtenue de l'arbre appelé *Benjoin* , et qu'on apporte de différentes parties des Indes, où on le trouve de diverses espèces et de différentes couleurs ; le meilleur est celui qui est plein de taches blanches et qui se brise facilement. On l'emploie dans les feux d'artifice odoriférants, mais avant cela il faut le réduire en une fine poudre, ce qui peut

être effectué par la méthode suivante : mettre environ trois ou quatre onces de benjoin grossièrement pilées dans un pot de terre profond et étroit. et couvrez la marmite avec un cône de papier épais, que vous attachez étroitement sur le pourtour, puis placez la marmite sur le feu et appliquez une chaleur modérée ; au bout d'une heure, enlevez le cône, et vous trouverez une fleur collée au dessous ; ou bien, dans le langage de la chimie, l'acide se sublime et se dépose sur le papier ; il faut remettre le cône dans le pot, et continuer l'opération jusqu'à ce que la fleur paraisse très blanche et très fine.

L'acide qui est fréquemment utilisé peut être obtenu en digérant le benjoin dans l'acide sulfurique, et on l'obtient ainsi beaucoup plus pur et en cristaux plus fins que par toute autre méthode.

Sur cet article, nous jugeons nécessaire de donner les informations ci-dessus ; mais pour le praticien privé, il sera plus avantageux de l'acheter tout préparé.

SECTION III.

Appareil.

Dans la partie pratique de la Pyrotechnie, la construction et le dosage des moules sont une considération très matérielle, car de ces éléments dépend presque autant la qualité de l'article que la pureté des ingrédients. Ils sont constitués principalement de cylindres pleins et creux en bois ou en métal ; ceux qui sont creux sont appelés *moules*, et ceux qui sont solides sont appelés *moules* ; les deux sont utilisés dans la construction de fusées ; des cylindres similaires, en bois ou en métal, sont utilisés pour enfoncer la composition ; une machine pour contracter l'ouverture des étuis, dont l'opération s'appelle *étouffement* ; un autre pour les ennuyer une fois qu'ils sont remplis ; et un appareil simple pour broyer les matériaux avant le remplissage des caisses, ainsi que d'autres de moindre importance, que nous choisirons plutôt de décrire selon que leur concours est requis.

Nous commencerons les appareils importants par la description de ceux qui sont le plus immédiatement utilisés.

Rectifieuses.

1. RECTIFIEUSES. — Dans le but de triturer ou de mélanger correctement les différents ingrédients, divers dispositifs ont été utilisés. Un mortier de fer ordinaire, comme celui qu'utilisent les pharmaciens et les apothicaires, se révèle très efficace pour broyer ou piler le soufre, le charbon de bois, le salpêtre, etc. *séparément* ; et les tamis fermés d'apothicaire, munis de toile métallique, sont les meilleurs instruments possibles pour obtenir la poudre à feu ; mais lorsque la poudre à canon de maïs doit être *mélangée* ou que les divers ingrédients doivent être mélangés, de tels mortiers ne peuvent pas être utilisés, car la chaleur générée par l'action continue du pilon pourrait enflammer le mélange et mettre ainsi la vie de l'opérateur en danger. danger imminent. Pour éviter ces dangereuses probabilités, un dispositif très simple a été mis au point ; c'est ce qu'on appelle la table de repas et, à cet effet, elle s'est révélée très rapide et efficace. Il se compose d'une planche d'orme rectangulaire, avec un bord autour de son bord, de quatre ou cinq pouces de haut, à une extrémité de laquelle une partie du bord est faite slide in a groovepour qu'après avoir mangé la poudre, elle puisse être balayée de la table. . Une représentation en est visible sur la planche 1, fig. 3. La figure 4 est une petite pelle en cuivre, généralement utilisée pour remplir et vider la table. Lorsque vous êtes sur le point de manger une quantité de poudre, veillez à ne pas en mettre trop sur la table à la fois ; mais quand vous en avez

mis une portion modérée, prenez la meule (_fig. 5_) et frottez-la jusqu'à ce que tous les grains soient bien cassés ; puis tamisez-le dans un tamis à gazon, qui a un récipient et un dessus, comme ceux généralement utilisés par les apothicaires, et ce qui ne passe pas à travers le tamis doit être remis à la table, et avec une quantité supplémentaire broyée à nouveau. . Le soufre et le charbon de bois peuvent être broyés de la même manière, sauf qu'ils sont beaucoup plus durs que la poudre. Le broyeur doit être en ébène ou en tout autre bois dur, sinon les ingrédients resteraient collés dans le grain de l'orme et seraient très difficiles à broyer. Comme le soufre est susceptible de coller et de se coller à la table, il sera préférable d'en avoir un à cet effet, car il est facile de s'en procurer ; ce ne sera que peu de problèmes, et plus que compensés par le fait que votre soufre sera toujours maintenu propre et bien broyé.

Une autre méthode.

Ce qui suit est une autre méthode dans le but ci-dessus, que certains considèrent tout aussi efficace. C'est un mortier en bois dur, de forme semblable à celui des pharmaciens, avec le fond arrondi à l'intérieur, et ayant un couvercle en bois s'ajustant étroitement sur le dessus, et au centre un trou juste assez grand pour laisser passer facilement la tige du pilon. , à l'extrémité inférieure de laquelle est reliée une pièce de marbre terminée par une surface sphérique. Avec cet appareil, la poudre à canon peut être broyée en toute sécurité en farine, ou ses ingrédients mélangés par le mouvement continu du pilon dans le trou du couvercle.

Méthode de mélange des ingrédients.

2. Method of mixing the Ingredients.— A celle du broyage est liée l'opération de mélange des ingrédients, et qui est considérée comme une partie principale de l'activité de la Pyrotechnie ; et en effet beaucoup d'articles dépendent autant du bon mélange que de la proportion de leur composition ; il faut donc apporter un grand soin à cette partie du travail, et particulièrement à la composition des fusées célestes. Lorsque vous avez environ quatre ou cinq livres d'ingrédients dûment préparés pour le mélange (ce qui est une quantité suffisante pour mélanger en une seule fois), mettez-les d'abord ensemble dans un récipient approprié à cet effet, puis travaillez-les avec vos mains, jusqu'à ce qu'ils soient bien mélangés. les diverses natures sont assez bien incorporées ; après quoi, mettez-les dans votre tamis à gazon avec le récepteur et placez-le dessus, et tamisez-le dans un autre récipient propre, et s'il en reste qui ne passe pas à travers le tamis, broyez-le à nouveau jusqu'à ce qu'il soit suffisamment fin ; et si on le laisse passer deux fois au tamis, ce sera plus que de problèmes, mieux ce sera. Pour les fusées et tous ouvrages fixes, dont le feu doit jouer régulièrement, les ingrédients doivent être préparés comme ci-dessus ; et nous pouvons observer ici que toutes les compositions

- 24 -

qui contiennent de la limaille d'acier ou de fer doivent être mélangées ou déplacées avec la pelle de cuivre, car les mains sont susceptibles de communiquer une humidité nuisible à leur nature. De même, aucun ouvrage ayant du fer ou de l'acier à sa charge ne résistera longtemps par temps humide sans être correctement préparé, comme cela a été prescrit dans la section précédente.

Il existe plusieurs autres moules et appareils utilisés, mais comme la plupart d'entre eux sont utilisés dans la fabrication de fusées et de quelques autres articles, et sont donc immédiatement liés à la pratique de ceux-ci, nous pensons que leur utilisation et leur application seront mieux comprises. lorsque nous traiterons de cet article dans la section suivante, plutôt que d'entrer leurs descriptions ici.

SECTION IV.

Division des feux d'artifice.

Les feux d'artifice sont généralement divisés en deux classes, ceux qui composent la première sont principalement *les pétards* , *les serpents* , *les pétards* , *les étincelles* , *les marrons* , *les saucipons* , *les moulins à vent* , *les chefs* , *les gerbes* ou *cierges romains* , et (quand ils sont dépourvus d'appendices) *les fusées* ; ceux-ci, parce qu'ils nécessitent peu de dextérité dans la préparation, sont appelés feux d'artifice simples, ou plus exactement simples, et sont dits de la première classe. D'autres, de construction plus difficile, sont appelés feux d'artifice composés ou complexes, et sont dits de la seconde classe. Ceux-ci sont constitués de *soleils* , *de lunes* , *d'étoiles* , *de roues* , *de globes* , *de ballons* , *de piles* , *de pots de fleurs* , *de pompes à feu* , *de pyramides* , *etc.* ; ceux-ci sont généralement composés de quelques-unes des pièces uniques, comme gerbes, serpentsles marrons, les saucipons, etc. convenablement disposés sur des cadres appropriés, selon le goût de l'opérateur, et reliés entre eux par de longs tuyaux remplis de composition inflammable appelés leaders, et tirés au moyen d' *allumettes rapides* ou *de feux de port* , et très fréquemment par du papier tactile commun. . Nous commencerons nos descriptions et instructions par celles du genre simple ou unique, qui nous conduiront progressivement à celles qui sont plus complexes, ordre que nous nous proposions de suivre au début de notre ouvrage.

Dans les directions suivantes, nous aurons fréquemment l'occasion de mentionner des tuyaux de communication, communément appelés *leaders* , par lesquels les différentes parties d'un ouvrage composé sont reliées les unes aux autres ; et plusieurs autres articles de moindre importance, comme le papier à toucher, les allumettes rapides, les feux de port, etc.

Papier tactile.

1. PAPIER TACTILE. — C'est un papier imprégné d'une solution de salpêtre, par laquelle il acquiert la propriété de se consumer lentement sans flamme, et cependant avec assez de force pour communiquer son feu à la poudre de farine avec laquelle il entre en contact. Il est préparé de la manière suivante : -

Faire du Touch-Paper.

2. *Faire du papier tactile.* — Dissoudre une quantité de salpêtre dans du vinaigre ou tout autre acide, plus ou moins de salpêtre selon que vous voudriez que votre papier brûle lentement ou vite ; trempez ensuite dans cette solution du papier bleu fin, laissez-le bien saturé, puis retirez-le et

séchez-le pour l'utiliser. Si, lors d'un essai, on constate qu'elle ne brûle pas correctement, ou si elle s'enflamme dès qu'on y met le feu, c'est une indication que votre solution est trop faible ; il faut donc le renforcer en ajoutant davantage de nitre, et il faut repasser le papier. Lors de l'application de ce papier aux feux d'artifice, deux modes sont utilisés :—Pour les petits articles, ou ceux qui sont *étouffés* (à expliquer ci-après), attachez un morceau autour de l'orifice avec du fil ou de la ficelle fine, en laissant suffisamment de papier. à l'extrémité pour former un petit tube dans lequel on met de la poudre à canon, et le papier est ensuite tordu dessus et prêt à tirer.

Pour les articles plus gros, comme les fusées, les bougies romaines, etc. le papier, au lieu d'être noué, doit être collé autour de l'orifice avec une fine pâte à fleurs ; mais il faut avoir soin que la pâte ne dépasse pas l'extrémité de l'étui, car cela empêcherait le feu de communiquer avec la composition, et par conséquent la pièce manquerait en s'éteignant.

Match rapide.

3. MATCH RAPIDE. — Le but du Quick-match est similaire à celui du papier tactile, mais principalement utilisé pour former l'intérieur des leaders ; il est généralement fait de mèches de coton (telles qu'on en utilise habituellement dans la fabrication des bougies) imprégnées de nitre. Il est composé de plusieurs tailles, de un à six filetages, selon la configuration la plus adaptée aux tuyaux ou articles pour lesquels il est conçu. Les tuyaux doivent être suffisamment grands pour recevoir facilement l'allumette, car sa qualité sera beaucoup diminuée par sa rupture. Voici la meilleure méthode pour réaliser cet assemblage : Après avoir réparti les cotons en nombre de fils requis pour votre usage, enroulez-le très légèrement dans une casserole à fond plat en cuivre ou en terre, puis versez-y une partie du salpêtre et l'alcool, et faites-les bouillir ensemble environ vingt minutes, après quoi enroulez-le de nouveau dans une autre casserole et mettez-y le reste de l'alcool, puis mettez-y un peu de poudre de farine, et mélangez-le bien avec le liquide ; après quoi placez la casserole sous le cadre en bois (fig. 12) et attachez une extrémité du coton sur un côté du cadre, puis d'une main à l'aide de la poignée (A) retournez le cadre en laissant passer le coton par l'autre, en le tenant très légèrement, et en gardant en même temps la main pleine de poudre mouillée ; si la poudre est trop humide pour adhérer au coton, mettez-en davantage dans la casserole, afin d'en garder une réserve jusqu'à ce que l'allumette soit entièrement enroulée ; vous pouvez l'enrouler aussi près du cadre que vous le souhaitez, à condition qu'il ne colle pas ensemble ; lorsque le cadre est plein, enlevez-le des joints et tamisez la poudre de farine sèche des deux côtés de l'allumette, jusqu'à ce qu'elle apparaisse entièrement recouverte, puis suspendez-la dans un endroit chaud pour sécher, ce qui, si c'est en été, se fera dans un endroit chaud. quelques jours, mais si c'est en hiver, il faudra attendre quinze jours avant qu'il soit utilisable ; lorsqu'il est parfaitement sec, coupez-

le le long du côté extérieur d'un des côtés des cadres, et attachez-le en skains pour l'utiliser.

Composition pour le match.

Les ingrédients appropriés pour l'allumette sont le coton, une livre, douze onces, le salpêtre, une livre, l'alcool de vin, deux litres, l'eau, trois litres, la ichtyocolle, trois branchies et la poudre de farine, dix livres ; ou la moitié de la quantité peut être préparée en prenant les ingrédients dans la même proportion. Quatre onces d'ichtyocolle doivent être dissoutes dans environ 3 litres d'eau.

Incendies portuaires.

4. INCENDIES PORTUAIRES. — Ce terme s'applique aux tubes de papier, remplis de poudre de farine ou d'une composition similaire, et qui sont généralement utilisés pour mettre le feu aux fusées ou aux feux d'artifice composés, qui nécessitent d'être allumés très rapidement ; il y en a deux sortes, l'une utilisée comme ci-dessus, l'autre pour les illuminations : celles du premier genre sont généralement appelées feux de port communs, et peuvent être faites de n'importe quelle longueur, mais mesurent rarement plus de 21 pouces ; ils sont roulés sur des tiges d'environ un demi-pouce de diamètre et faits de papier cartouche en trois ou quatre plis jusqu'à ce que leur diamètre extérieur soit d'environ cinq huitièmes de pouce, le dernier pli étant bien fixé au bord par de la pâte, et une extrémité pincé ou replié. Les moules, d'un diamètre de cinq huitièmes de pouce, doivent être en laiton ou en étain, et être démontés dans le sens de la longueur, formant deux tubes semi-cylindriques, et lorsqu'ils sont utilisés, être reliés entre eux par plusieurs anneaux fixés à l'extérieur. du tube. Si environ un pouce de métal est fixé à une extrémité du demi-tube du diamètre de la tige ou du gabarit, cela remplacera la nécessité d'un pied et sera beaucoup plus pratique ; mais la partie du premier, comme nous pouvons l'appeler, doit être très solidement fixée au tube, sinon elle se détachera facilement par le pilonnage des étuis. La composition pour remplir ces caisses se compose généralement de salpêtre, de soufre et de poudre de farine, en proportions diverses, selon la force du feu voulue, quoique le salpêtre soit généralement dans les plus grandes proportions. Lorsque le feu doit être très lent, on ajoute quelquefois de la sciure de bois, et les ingrédients sont fréquemment humidifiés avec de l'alcool de vin ou de l'huile de lin ; ces compositions ne doivent pas être trop enfoncées. En utilisant ce type de feux de port, l'extrémité proche est fixée dans une douille métallique faite comme un crayon de port, qui est attachée à un bâton de longueur suffisante pour atteindre n'importe quelle partie requise du feu d'artifice.

Composition pour les incendies de port.

Les composés suivants sont recommandés pour remplir les feux de port, tirer des roquettes, etc.

	Salpêtre		Sulphur		Repas en poudre	
JE.	12	*onces.*	4	*onces.*	2	*onces.*
II.	8	faire.	4	faire.	2	faire.
III.	18	faire.	dix	faire.	24	faire.
IV.	34	faire.	dix	faire.	6	faire.
V.	8	faire.	2	faire.	2	faire.

Feux de port pour les illuminations.

FEUX DE PORT POUR LES ILLUMINATIONS. — Ceux-ci ne diffèrent que par leur longueur de ceux décrits ci-dessus, leur diamètre est le même, leur longueur de trois à six pouces, pincés à une extrémité et laissés ouverts à l'autre ; ils sont remplis par petites quantités à la fois et percutés très légèrement, sinon leurs caisses seront mises en danger. Trois ou quatre tours de papier, avec le dernier tour collé, suffiront pour ces cas-là, les compositions étant les mêmes que précédemment.

Leaders ou canaux de communication.

5. *Leaders ou canaux de communication.* — Ce sont de petits tubes de papier, de longueurs adaptées aux distances auxquelles ils doivent s'étendre, et remplis d'une composition combustible qui ne brûle pas trop vite. Comme il est de loin préférable de les avoir en grandes longueurs, il faut utiliser du papier de grand format à cet effet, celui qu'on appelle « Éléphant » se révèle le plus pratique, et qui est généralement utilisé à cet effet. Il est coupé en lamelles de deux ou trois pouces de largeur, ou suffisamment pour faire quatre fois le tour des premières, ce qui rendra le tube assez solide pour la plupart des usages ordinaires ; en effet, s'ils sont faits avec plus de substance, on trouvera beaucoup d'inconvénients dans leur application aux différents ouvrages auxquels ils sont destinés, en s'envolant sans communiquer leur feu.

Les formes de ces leaders doivent avoir un diamètre d'environ un quart de pouce ; j'ai trouvé que cette taille répond à la plupart des besoins, bien qu'ils soient parfois faits de diamètres plus petits ou plus grands, mais d'un huitième à trois huitièmes doivent être l'extrême ; des fils de laiton lisses et de dimensions appropriées font les meilleurs formeurs que nous puissions utiliser, qui, lorsque vous les utilisez, veillez à les tremper dans de l'huile ou de la graisse pour éviter qu'ils ne collent au papier, qui doit être collé partout ;

pour les rouler, utilisez une planche à rouler, mais appuyez-la très légèrement dessus ; lorsque vous retirez le premier, ce qui doit être fait d'une main tandis que vous retenez le tube de l'autre, il faut y prendre grand soin, sinon le premier collerait et déchirerait le papier.

Application des dirigeants.

Lors de l'assemblage et du placement de ces leaders, vous devez être aussi particulier et prudent que lors de leur fabrication, car de leur bonne fixation et de leur ajustement dépend en grande partie la performance de toutes les pièces complexes, c'est pourquoi nous donnerons en détail la meilleure méthode, et que d'une manière aussi simple que possible : — vos ouvrages étant prêts à être habillés (comme on appelle cette opération) coupez vos tuyaux en longueurs suffisantes pour passer d'un étui à l'autre, puis mettez-y le Quick-match (préparé comme enseigné dans le dernier article,) qu'il faut toujours faire entrer très facilement ; lorsque l'allumette est dans le tube, coupez-la d'environ un pouce au-delà de l'extrémité du tuyau et laissez-la dépasser autant à l'autre extrémité, puis attachez le tuyau à l'embouchure de chaque étui avec une épingle et mettez le fil libre. les bouts de l'allumette dans l'embouchure des étuis des usines, avec un peu de poudre de farine ; ceci fait, collez sur l'embouchure de chacun deux ou trois morceaux de papier, et le joint sera assez bien fixé.

Pour les illuminations et les petits boîtiers, la méthode suivante est généralement utilisée.

Enfilez d'abord un long tuyau, puis posez-le sur le dessus des étuis et coupez un morceau du dessous au-dessus de l'embouchure de chaque étui, afin que l'allumette puisse apparaître ; puis épinglez le tuyau sur un autre étui, mais avant de mettre les tuyaux, mettez un peu de poudre de farine dans l'embouchure de chaque étui. Si les étuis ainsi habillés sont des feux de port ou des ouvrages enluminés, couvrez l'embouchure de chaque étui avec un seul papier ; mais s'il s'agit de caisses étouffées situées de manière à ce qu'un certain nombre d'étincelles provenant d'autres ouvrages puissent tomber dessus avant qu'elles ne soient tirées, fixez-les avec trois ou quatre papiers, qui doivent être collés sur une surface très lisse, afin qu'il n'y ait pas de plis pour que les étincelles se logent. in, qui mettaient souvent le feu aux œuvres avant l'heure.

Évitez autant que possible de placer les leaders trop près ou l'un en face de l'autre, de manière à se toucher, car il pourrait arriver que l'éclair de l'un enflamme l'autre et détruise ainsi la beauté de vos arrangements.

Si vos ouvrages doivent être formés de telle sorte que les lignes de guidage doivent se croiser ou se toucher, ayez grand soin de les rendre solides et sûres aux joints, et de même à chaque ouverture.

Lorsqu'une grande longueur de tuyau est nécessaire, elle doit être réalisée en joignant plusieurs tuyaux ensemble, de la manière suivante. Après avoir mis sur une longueur d'allumette autant de tuyaux qu'elle peut contenir, collez du papier sur chaque joint, mais si une longueur encore plus grande est requise, davantage de tuyaux doivent être joints en coupant environ un pouce d'un côté de chaque tuyau près de l'extrémité et en posant les assembler rapidement et les attacher avec une petite ficelle, après quoi couvrir l'assemblage avec du papier collé.

SECTION V.

Des feux d'artifice uniques.

Nous passons maintenant à l'énumération et à la description de cette classe d'articles qui, en raison de la simplicité de leur construction, ont obtenu le nom de feux d'artifice uniques ; parmi ceux-ci, le premier qui s'offre à remarquer est le serpent, ou ce qu'on appelle communément le cracmol.

Serpents.

1. SERPENTS. — Ces serpents sont généralement faits d'environ six ou huit pouces de long et d'environ un demi-pouce de diamètre ; ils sont tantôt droits, tantôt avec un étranglement au milieu ; le nom qu'ils portent vient probablement du bruit de sifflement qu'ils font lorsqu'ils sont tirés, ou des directions en zigzag ou en vibration dans lesquelles ils se déplacent lorsqu'ils sont correctement construits, lorsqu'ils sont projetés de la main. La figure 17 représente un Serpent complet, où AC, la longueur du boîtier, peut être d'environ six pouces pour une taille ordinaire. Ces caisses doivent être faites d'un papier solide et roulées dans une forme d'environ un quart de pouce de diamètre, ou un peu plus, et après avoir étouffé ou attaché une extrémité étroitement, avec une ficelle solide, remplir la caisse aux deux tiers environ. de la même manière avec une partie de la composition décrite dans le tableau général de la section VII , enfoncée modérément fort dans le moule approprié au diamètre de l'étui, puis elle est soit étranglée dans la partie B, c'est-à-dire pincée avec un morceau de ficelle , de manière à laisser une très petite ouverture, ou un corps obstruant, tel qu'un petit morceau de papier, ou une graine de vesce, est introduit, et le reste de l'étui doit être rempli de grains ou de poudre de maïs. Enfin, cette autre extrémité doit être bien fixée avec de la ficelle, et est communément plongée dans de la poix fondue : l'autre extrémité doit maintenant être dénouée et un peu de poudre de farine humidifiée est introduite, sur laquelle un morceau de papier à toucher étant correctement fixé, le Le Serpent est terminé.

Si les Serpents ne sont pas étouffés vers le milieu, au lieu de se déplacer en zigzag, ils monteront et descendront avec un mouvement ondulatoire, jusqu'à ce que le feu soit communiqué à la poudre granuleuse dans la partie BC, où ils éclateront avec un grand bruit.

Pour introduire les compositions dans de petits étuis, une plume découpée en forme de cuillère s'avérera très utile. On peut se passer de la peine d' first temporarilyétouffer et de nouer les extrémités des étuis, si le moule dans lequel ils sont enfoncés est attaché à un pied et à un mamelon, comme décrit dans l'article Fusées.

Les pétards communs, ou ceux de petites dimensions, peuvent être fabriqués avec encore moins de difficulté, car les étuis étant roulés, collés et séchés comme auparavant, une extrémité peut être attachée et scellée de façon permanente, ou plongée dans de la poix chaude, après quoi ils peuvent être remplis de la manière suivante : —— mettez d'abord une petite quantité de poudre granuleuse, qu'avec votre pilon et votre maillet enfoncez assez fort, puis remplissez l'étui comme auparavant avec la composition, en l'enfonçant fortement au cours du cours. du remplissage deux ou trois fois ; Ceci fait, recouvrez-le de papier tactile, comme indiqué précédemment, et le Squib est prêt à l'action.

Des craquelins.

2. DES CRAQUELINS. — Le meilleur matériau pour les caisses de Crackers est le papier cartouche, dimensions of whichpour une taille ordinaire, il mesure environ 15 pouces de long, sur trois pouces et demi de large, plié de la manière particulière suivante : nous l'appelons particulier, parce que de lui dépend la bonté du Cracker ; la méthode consiste à plier d'abord un bord vers le bas sur environ trois quarts de pouce de large, puis le double bord est rabattu sur environ un quart de pouce et le bord unique est replié sur le double pli, de manière à se former à l'intérieur. un canal d'un quart de pouce de large, qui, une fois ouvert, doit être rempli de poudre farineuse, non moulue très finement, cette poudre doit ensuite être recouverte par les plis de chaque côté, et le tout doit être pressé très lisse et serré, en passant dessus le bord d'une règle plate ou de quelque instrument semblable, et cette partie contenant la poudre sera progressivement pliée dans le reste du papier, en ayant soin d'appuyer de la même manière sur chaque pli.

Le Cracker jusqu'ici avancé doit être doublé d'avant en arrière en plis d'environ deux pouces et quart, autant de fois que la longueur du papier le permet. Après cela, il faut serrer le tout assez étroitement au moyen d'un petit étau en bois (semblable à ceux que les charpentiers connaissent sous le nom de vis à main, dont l'emploi se révélerait extrêmement commode pour bien d'autres usages), et un morceau de ficelle passait deux fois autour du milieu à travers les plis, et les jonctions étaient sécurisées en faisant faire à la ficelle un tour autour du milieu à chaque pli successivement ; l'une des extrémités des plis peut être doublée en dessous, ce qui produira un rapport supplémentaire, l'autre doit dépasser un peu du reste pour pouvoir être apprêtée et bouchée avec le papier tactile ; lorsque cela est fait, le cracker est terminé. Les crackers, lorsqu'ils sont bien faits et d'une force suffisante, produisent beaucoup de gaieté, et lorsqu'ils sont d'une ampleur considérable, fournissent d'excellents moyens de disperser une foule ; en même temps, ils sont si parfaitement inoffensifs qu'on ne peut s'attendre à aucune conséquence néfaste après l'amusement qu'ils procurent.

Roues à épingles.

3. AXEZ LES ROUES. — Les roues à broches ou Catherine sont de construction très simple, il ne faut rien de plus qu'un long gabarit en fil, d'environ trois seizièmes de pouce de diamètre ; sur ce fil sont formés les tuyaux qui, remplis de composition, sont ensuite enroulés autour d'un petit cercle de bois, de manière à former une ligne en hélice ou en spirale.

Les étuis sont généralement faits de papier éléphant, ou de papier permettant la plus grande longueur ; roulés environ quatre fois autour du fil et collés au fur et à mesure qu'ils sont roulés ; lorsqu'un certain nombre de tuyaux sont fabriqués et parfaitement secs, on les remplit de la composition décrite au n° 2 du tableau ; ces caisses ne sont pas enfoncées, mais remplies au moyen d'un entonnoir en fer blanc muni d'un long tuyau, fait de manière à pouvoir passer facilement dans la caisse, que l'on remplit progressivement en secouant la composition hors de l'entonnoir ; toutes les caisses préparées ainsi remplies, l'une d'elles étant fermée à une extrémité, doivent être collées autour du cercle plat de bois, qui ne doit pas avoir plus d'un demi-pouce d'épaisseur et un pouce de diamètre, et fixées à chaque demi-tour. avec de la cire à cacheter ; quand tout cela est enroulé autour du cercle et que la roue n'est pas assez grande, on peut insérer un second étui dans l'embouchure du dernier, en ayant soin que l'extrémité introduite ne soit que légèrement tordue, autrement elle pourrait gêner la communication et détruire l'effet ; mais ceci étant correctement ajusté et l'assemblage assuré en collant du papier autour, la spirale doit être continuée de la même manière que précédemment, jusqu'à ce que la roue soit augmentée aux dimensions appropriées, ou telles qu'elles conviennent au goût du Tyro.

Le bloc central doit être percé au milieu dans le but de recevoir une épingle solide, ou un petit morceau de fil, par lequel la roue peut être attachée à un poteau ou à tout autre objet pratique, ou l'épingle ou le fil étant inséré dans le moelle d'un bâton de noisetier, la meule peut être laissée sans danger dans la main ; lorsque l'embouchure du dernier tour est amorcée et recouverte de papier à toucher, lorsqu'elle est allumée, l'impulsion de la flamme contre l'air repousse la partie enflammée de la roue, qui continue de tourner jusqu'à ce que toute la composition soit consumée. . [7]

Étoiles.

4. ÉTOILES. — Ce sont de petits globes de papier remplis d'une composition qui émet une lumière rayonnante des plus belles, qui a été comparée à la lumière de « ces beautés infinies qui ornent notre hémisphère céleste » ; car les usages pour lesquels ils sont utilisés sont principalement comme ornements pour d'autres articles, tels que des fusées, des bougies

romaines, etc. leurs dimensions doivent en conséquence être limitées ou adaptées à ces objets, donc leurs diamètres doivent rarement dépasser trois quarts de pouce, à moins que les objets auxquels ils sont attachés ne soient de dimensions plus grandes que l'ordinaire, et pour les petits objets leur diamètre doit être moindre. en proportion. Au début de cet article nous les appelions « globes en papier », mais il faut remarquer qu'ils ne sont mis dans le papier que lorsque leur composition est préparée à sec ; et au lieu de papier, ils sont fréquemment enveloppés dans un petit morceau de chiffon de lin, étroitement noué avec une petite ficelle, et lorsque l'un ou l'autre de ces emballages est utilisé, un trou doit être percé en son milieu, pour recevoir un morceau d'allumette laissant projeter un peu de chaque côté.

Bien que le mode de fabrication des étoiles ci-dessus soit fréquemment pratiqué, j'ai toujours trouvé préférable d'utiliser la composition humide, sous forme de pâte ferme, lorsqu'il ne sera pas nécessaire d'enfermer l'étoile dans quoi que ce soit, car lorsqu'elle est préparée avec une telle coller il peut conserver sa rondeur ; il n'y aura pas non plus besoin d'y percer un trou pour l'allumette, car lorsqu'elle sera nouvellement fabriquée et par conséquent humide, elle pourra être roulée dans de la poudre à canon pulvérisée, qui y adhérera ; cette poudre, une fois allumée, servira d'allumette et enflammera la composition de l'étoile, qui en tombant se formera en étoiles et présentera un très bel aspect. Pour la composition des étoiles consulter le tableau Sect. 7, n° 3 et n° 4.

Étoiles enfilées.

ÉTOILES ENFILÉES. -Pour les fabriquer, coupez du papier fin en morceaux d'environ un pouce et demi carré, puis sur chaque morceau déposez des quantités égales de composition d'étoiles sèches, presque autant que le papier en contiendra, puis tordez le papier aussi léger que possible, une fois terminé, frottez un peu de pâte à fleurs sur votre main et roulez l'étoile entre elles, puis placez-les dans un endroit chaud pour qu'elles sèchent ; les étoiles étant ainsi préparées, prenez du lin ou de l'étoupe fine, et roulez-en un peu sur chaque étoile, puis collez la bande et roulez-les comme auparavant, après quoi faites-les sécher de nouveau ; qui, lorsque cela est complètement effectué, fait avec un perceur un trou au milieu de chacun, et les enfile sur une allumette rapide en coton, assez longue pour contenir 10 ou 12 étoiles à trois ou quatre pouces de distance ; en joignant diverses longueurs d'allumettes, nous pouvons enfiler n'importe quel nombre d'étoiles de notre choix.

Étoiles à queue.

ÉTOILES À QUEUE. — Ou, comme on les appelle quelquefois étoiles cométiques, à cause du fait qu'elles émettent un grand nombre d'étincelles, qui représentent une queue semblable à celle d'une comète ; il y en a deux espèces qui portent le nom ci-dessus, qui sont celles qui sont roulées et celles qui sont enfoncées ; une fois roulés, ils doivent être humidifiés avec une liqueur composée d'une demi-pinte d'alcool de vin et d'une demi-branch de fine taille (vélin ou autre qui soit fin), dont autant que cela amènera la composition à une consistance appropriée. pour rouler en boules; lorsque cela est fait, tamisez-les en poudre et laissez-les sécher.

Des étoiles pilotées.

DES ÉTOILES PILOTÉES. — Pour ceux-ci, le liquide utilisé pour humidifier la composition doit être de l'alcool de vin, avec un peu de camphre dissous, et seulement une très-petite quantité, comme pour les Driven Stars, la composition n'a pas besoin d'être mouillée ; Les caisses contenant une ou deux onces sont les meilleures à cet effet, et doivent être faites de papier très fin.

La composition étant imbibée d'alcool de vin et de camphre comme ci-dessus, on les remplira et les pilera modérément fort, en ayant soin que l'étui ne soit pas brisé ou que le papier ne soit pas enfoncé à l'intérieur ; pour les protéger, lors du remplissage et du pilonnage, il sera préférable de se procurer plusieurs moules adaptés à leur diamètre extérieur. Ces moules peuvent être en étain, ou en n'importe quelle sorte de bois, de dimensions adaptées aux étoiles depuis 8 drams jusqu'à 4 onces ; lorsqu'ils sont remplis, leurs étuis doivent être rendus considérablement plus légers, ce qui s'effectue en déroulant le papier dans les trois ou quatre tours de la charge, qui doit être coupé, et le bord libre fixé avec un peu de pâte, puis fixé. pendant deux ou trois jours pour sécher; lorsqu'ils ont atteint une sécheresse suffisante, ils doivent être coupés en longueurs proportionnelles à leurs poids, qui seront à peu près comme suit : des caisses d'un quart d'once à une demi-once, leur longueur peut être de cinq ou six huitièmes de pouce ; des caisses d'une demi-once à une once, leur longueur peut être d'un pouce ; si deux onces, un pouce et quart ; de 3 à 4 onces d'un pouce et demi de long : des plus petits morceaux, une extrémité doit être trempée dans de la cire fondue de manière à recouvrir la composition, l'autre extrémité doit être saupoudrée de poudre de farine mouillée d'alcool de vin. Parmi les morceaux plus gros, les deux extrémités doivent être apprêtées avec de la poudre de farine humidifiée comme auparavant.

Les étoiles fabriquées de la manière ci-dessus sont utilisées presque exclusivement pour les ballons à air, et sont enfoncées dans des étuis pour les protéger de la force de la composition avec laquelle les ballons sont remplis. Par conséquent, leur application aux fusées et autres petits objets est tout à fait incompatible avec leur nature.

Étoiles roulées.

ÉTOILES ROULÉES. —Ceux-ci sont appelés ainsi principalement à cause de l'opération employée dans leur fabrication. Leurs dimensions vont d'un demi-pouce à un pouce de diamètre. Dans la composition, il faut veiller à ce que les ingrédients soient bien mélangés, et avant de la préparer, il faut la mouiller avec le liquide suivant, suffisant pour la transformer en pâte ; alcool de vin un litre, dans lequel dissoudre un quart d'once d'Isinglass. Il ne faut pas préparer trop de composition à la fois, une livre suffira pour un nombre ordinaire d'étoiles, car si une plus grande quantité est mouillée, l'esprit sera susceptible de s'évaporer et de laisser la composition sèche et impropre à l'usage prévu. avant que tout puisse être enroulé. Pour fabriquer des étoiles de dimensions uniformes, j'ai trouvé la méthode suivante la plus appropriée et la moins problématique : Lorsque la composition est correctement humidifiée, roulez-la avec un bâton rond et lisse sur n'importe quelle surface plane et uniforme, comme la pierre ou le bois, jusqu'à ce que son épaisseur soit d'environ un demi-pouce, puis divisez-la avec précision en carrés, de dimensions adaptées à l'ampleur souhaitée de la Étoiles; il existe d'autres méthodes pour régler la taille des étoiles, mais celle-ci m'a semblé la plus pratique et me justifiera de la recommander. Après avoir roulé la portion de composition préparée comme indiqué, secouez-la dans un peu de poudre de farine pendant qu'elle est humide, et mettez-la à sécher dans un endroit chaud, ce qui sera effectué dans deux ou trois jours ; mais si on les veut immédiatement, ils peuvent être rapidement séchés, dans une poêle en terre cuite à feu doux, ou dans un four à température modérée ; Lorsque les étoiles sont parfaitement préparées, il faut les conserver dans quelque petite boîte pour les utiliser, car si elles sont exposées à l'air, elles s'affaibliront et ne produiront que peu de ces effets qui, à d'autres moments, les rendent si belles.

Des étincelles.

5. DES ÉTINCELLES. — Ce n'est qu'en ce qui concerne la grandeur que les étincelles diffèrent des étoiles décrites ci-dessus, elles étant généralement de très petite taille, et par conséquent de courte durée dans leur exposition. La méthode pour les préparer est la suivante : mettre dans un vase de terre une once de poudre à canon, trois onces de salpêtre en poudre et quatre onces de camphre réduit en poudre en le frottant dans un mortier avec un peu d'alcool de vin; versez sur ce mélange un peu d'eau de gomme faible, dans laquelle un peu de gomme d'adraganth a été dissoute, jusqu'à ce que la composition soit amenée à l'état d'une pâte fine ; puis prenez de la charpie préparée en la faisant bouillir dans du vinaigre ou du salpêtre, puis séchée et démêlée, et mettez-en dans la composition assez pour absorber le tout, en

ayant soin de bien la remuer. Cette matière doit être façonnée en petites boules, de la grosseur à peu près d'un pois, qui, séchées à chaleur modérée, doivent être saupoudrées de poudre à canon, afin qu'elles puissent facilement prendre feu.

Une autre méthode.

Une autre méthode de fabrication de Sparks. — Prenez de la sciure de sapin, ou de toute sorte de bois qui brûle facilement, et faites-la bouillir dans de l'eau dans laquelle du salpêtre a été dissous ; après un quart d'heure d'ébullition environ, on retire le récipient du feu, on verse le liquide de manière à laisser la sciure au fond du récipient, puis on place la sciure toute seule sur une planche plate. ou sur une table, et pendant qu'il est à l'état humide, saupoudrez-le de soufre tamisé à travers un tamis à poils fins, la poudre de tamisage (soufre) sera améliorée si on y ajoute une petite portion de poudre à canon meurtrie. Lorsque le tout a été bien mélangé et de consistance convenable, il doit être transformé en étincelles, comme décrit dans l'autre méthode.

Marrons.

6. MARRONS. — Les marrons sont d'une construction très facile, n'étant rien d'autre que de petites boîtes cubiques, remplies d'une composition propre à les faire éclater, et produisant de là un bruit fort, qui, et la soudaineté de celui-ci, est leur principale propriété. Ils sont principalement utilisés en combinaison avec d'autres pièces, ou pour former une batterie dans laquelle, par des assemblages rapides de différentes longueurs, ils sont amenés à exploser à intervalles distincts.

Construction.

Construction. — Découpez un morceau de carton selon la forme représentée à la fig. 18 , qui se repliera en un coffret cubique, les angles doivent être bien fixés en collant du papier dessus, le dessus étant laissé jusqu'à ce qu'il soit rempli : lorsque cela est fait, le coffret doit être rempli de poudre en grains, puis de ciment fort paper over the top. et encore dans diverses directions sur le corps ; et pour augmenter la résistance de la boîte (ce qui produira un bruit plus fort), enroulez autour de deux ou trois rangées de fil d'emballage trempé dans de la colle forte, puis faites un trou dans l'un des coins et introduisez-y un morceau de raccord rapide. , et votre Marron est prêt à l'action.

Les marrons peuvent être rendus lumineux ou émettre un aspect brillant avant leur explosion.

Ceci s'effectue en les recouvrant d'une pâte faite de fleur de soufre, mêlée avec de l'amidon mince, et en les roulant ensuite dans de la poudre à canon pulvérisée, qui servira d'allumette ou de communication ; lorsqu'ils sont fabriqués de cette manière, ils sont appelés marrons lumineux.

Saucissons.

7. SAUCISSONS. — Ceux-ci ne diffèrent que par la forme des articles précédents ; jusqu'à récemment, aucune distinction n'était faite entre eux, et (à notre avis) ne devrait pas en exister, mais les artistes français ont jugé bon de leur donner le nom ci-dessus en raison de la ressemblance supposée qu'ils présentent avec une saucisse.

Les étuis des marrons sont cubiques, ceux des présents articles sont cylindriques, et doivent en proportion être environ quatre fois leur diamètre extérieur en longueur ; leurs diamètres peuvent être de un à deux pouces et demi ou trois pouces, et leur boîtier augmente en résistance à mesure que leurs dimensions.

Les étuis doivent être étranglés ou pincés à une extrémité à la manière des fusées, et attachés assez étroitement ; et ensuite celui sur lequel ils sont roulés doit être pressé fortement sur le fond pour le rendre lisse et pour enlever les rides laissées par l'étouffement ; le premier, ou diamètre intérieur, ne doit pas dépasser la moitié du diamètre extérieur du boîtier.

Les caisses ainsi préparées, doivent être remplies de poudre grossière d'un diamètre et d'un quart de hauteur, et le reste du papier doit être replié fermement sur la poudre ; puis attachez-les fermement dans toutes les directions avec du fil solide trempé dans de la colle, puis laissez-les sécher comme auparavant.

Ils peuvent être rendus lumineux et l'allumette appliquée de la même manière qu'aux marrons.

Batteries de marrons &c.

Batteries de marrons , etc. — Celles-ci, a-t-on dit, si elles sont bien gérées, garderont le rythme d'une marche ou d'un morceau de musique lent. Il faut en effet qu'ils soient bien gérés pour y parvenir ; J'ai fait (avec soin) plusieurs essais, mais dans aucun des deux je n'ai été assez heureux pour produire cette uniformité dans leurs intervalles, de manière à marquer correctement le début de chaque mesure de la musique ; et s'ils ne le font pas, ils échouent entièrement quant à cette propriété. Mais cependant, ces pièces bruyantes peuvent produire beaucoup d'effet en les disposant sur plusieurs supports, avec un certain nombre de traverses sur lesquelles elles doivent être clouées et reliées entre elles au moyen de guides, etc. de différentes longueurs, selon leur distance les uns aux autres, prenant soin d'employer les grands et petits marrons et saucissons afin de produire une plus grande variété dans les rapports, ce qui, lors de l'exposition d'autres articles, est leur principal but.

Une batterie avec les chefs complets est représentée sur <u>la Fig. 19</u>.

Gerbès.

8. GERBÈS. — C'est une espèce de feu d'artifice qui, d'un étui cylindrique, projette un jet de feu lumineux et étincelant, qui, à cause de sa ressemblance partielle avec une trombe d'eau, les Français lui ont donné l'appellation de Gerbe.

Les gerbes sont constitués d' <u>a strong cylindrical</u>étuis faits de papier épais ou de carton-pâte, et remplis de composition brillante, et quelquefois d'étoiles ou de boules placées à de petites distances, de manière que la composition et les boules soient introduites alternativement ; immédiatement au-dessous de chaque boule est placé un peu de poudre granuleuse. Cette dernière espèce de gerbes est plus proprement appelée bougies romaines, que nous décrirons dans le prochain article. Les gerbes sont parfois entièrement cylindriques, et parfois avec un col long et étroit ; les raisons pour lesquelles on les fabrique avec un manche se déduisent de considérations assez philosophiques : lorsqu'on les tire, ils exercent une grande force sur toutes les parties de l'étui, surtout au niveau de la bouche, d'où il sort avec une grande vitesse ; les raisons qu'on en déduit donc pour les fabriquer à col long sont : premièrement, que les particules de fer qui entrent dans leur composition auront plus de temps pour s'échauffer, en rencontrant une plus grande résistance à la sortie qu'avec un col court, qui serait brûlé trop largement avant que la charge ne soit consommée, et gâcherait l'effet ; deuxièmement, qu'avec de longs cous, les étoiles seront projetées à une plus grande hauteur et ne tomberont pas avant d'être épuisées ou trop étendues ; mais une fois fabriqué à la perfection, il s'élèvera et s'étendra de manière à représenter assez exactement la forme d'une gerbe de blé.

Le diamètre des Gerbes est généralement estimé par le poids d'une boule de plomb que l'étui est capable de recevoir ; ainsi on dit des Gerbes de huit onces, d'une livre, etc. Leur longueur du bas au sommet du cou doit être d'environ six diamètres ; le col a environ un sixième de diamètre et une longueur de trois quarts de diamètre. Ils sont remplis de deux manières, selon qu'ils ont un col ou qu'ils sont entièrement cylindriques ; les caisses de cette dernière espèce sont fermées en bas et remplies comme celles des serpents, mais il faut y mettre de petites quantités et les piler très fort ; les caisses à col sont remplies par le bas, mais il faut avoir soin, avant de commencer le pilonnage, de boucher l'ouverture du col avec un morceau de bois ajusté à son diamètre, car si cela n'est pas fait, la composition tombera dans le cou, et laisser un vide dans le boîtier, ce qui le fera éclater dès que le feu arrivera à cette partie.

Vous devez également observer que le ou les deux premiers pilonnages sont d'une composition plus faible que le corps du boîtier. Une fois rempli, le bouchon doit être retiré et le col rempli d'une charge lente et recouvert de papier tactile ; on devra ensuite fixer un pied de bois au Gerbe et bien le fixer, soit par un cylindre fixé au dehors de l'étui, soit en y ayant un trou dans lequel on pourra insérer l'étui ; lorsque l'une ou l'autre de ces méthodes est utilisée, le pied doit être fermement attaché.

Parfois des étincelles (article 5) sont introduites lors du remplissage des caisses, mais dans ce cas il faut faire particulièrement attention à ce qu'elles ne soient pas brisées par un fort pilonnage ; leur nombre doit être réglé selon la dimension du boîtier, et lorsqu'ils sont utilisés avec soin, ils produisent un effet agréable, mais ils sont plus adaptés aux gerbes entièrement cylindriques.

La méthode suivante pour trouver le diamètre intérieur de Gerbes est généralement employée : — en supposant que le diamètre extérieur du boîtier en bas (qui est généralement un peu plus grand que le haut) soit de quatre pouces, puis en prenant les deux quarts pour les côtés de Dans ce cas, il restera deux pouces pour l'alésage, qui sera d'une taille assez bonne, et d'après les règles données pour la hauteur, celui-ci sera d'environ vingt-quatre pouces jusqu'au sommet du col. La figure 20 représente un gabarit en bois ; et fig. 21 une Gerbe avec son pied complet. La composition à remplir se trouvera dans le tableau, section 7 .

Pour enfoncer de gros Gerbes, un moule extérieur ne sera pas nécessaire, les caisses étant suffisamment solides pour se soutenir.

Petits Gerbes.

PETITS GERBES. — On les appelle fréquemment « fontaines blanches » ; ils diffèrent peu, lorsqu'ils sont utilisés comme Gerbes, des précédents : ils sont faits de caisses de quatre, huit ou douze onces, de n'importe quelle longueur, collées et rendues très solides : avant d'être remplies, enfoncez environ un diamètre de leur orifice. haut, de l'argile bien dure, et lorsque l'étui est rempli, percez à travers le centre de l'argile jusqu'à la composition un trou d'aération de proportion commune, qui doit être apprêté et bouché comme auparavant.

Ces caisses sont parfois remplies de feu chinois, dans ce cas l'argile ne doit pas être utilisée, mais remplie de la même manière que les caisses cylindriques, et posée et apprêtée de la même manière.

Bougies romaines.

9. BOUGIES ROMAINES. — Les bougies romaines sont construites à peu près à la manière de Gerbes ; leurs boîtiers sont parfaitement cylindriques, comme décrit ci-dessus, et entre les couches de composition sont interposées des boules, ou étoiles, qui sont préparées comme indiqué dans l'article 4. En remplissant et en pilonnant les bougies romaines, il faut prendre un soin particulier à ce que les étoiles soient pas cassé dans l'opération. Lorsque les caisses ont été bien roulées et séchées, et que leurs fonds ont été solidement fixés en les attachant avec une ficelle solide, il est préférable, avant de mettre la composition, d'enfoncer un peu d'argile sèche, qui remplira le creux et laissera un meilleur fond pour le boîtier. Ceci étant bien fait, mettez une petite quantité de poudre de maïs, et par-dessus un petit morceau de papier, juste pour empêcher la composition de se mélanger à la poudre ; puis il faut y mettre autant de composition que possible, une fois enfoncée durement, remplir le boîtier environ un sixième de sa hauteur ; puis par-dessus un petit morceau de papier (couvrant environ les deux tiers du diamètre) comme auparavant, puis un peu de poudre de maïs, et dessus une boule doit être placée, en veillant à ce que la boule ait somewhat less thanle diamètre de l'étui. Sur cette première boule, il faut introduire davantage de composition et presser légèrement jusqu'à ce que l'étui soit rempli au tiers environ, puis on peut l'enfoncer, mais avec quelques coups doux, de peur que la boule ne soit brisée par elle ; puis un morceau de papier, un peu de poudre de maïs, et dessus une autre boule, comme auparavant ; de sorte que l'étui de cette manière contiendra cinq ou six boules avec des lits réguliers de composition entre elles, et aura à peu près la même longueur de composition au-dessus de la boule la plus haute. Lorsque l'étui est ainsi rempli, il faut le boucher avec du papier tactile en le collant autour de l'orifice, et en y ajoutant un peu de poudre de farine, la pièce est rendue complète.

En ce qui concerne les étoiles ou les boules, il vaut mieux que leur forme soit plate et circulaire, ou même carrée plutôt que sphérique, car elles risquent moins d'être blessées lors du remplissage ; ils devraient également être de taille quelque peu différente, ce qui ajoute beaucoup à leur effet ; c'est-à-dire que la première étoile ait environ les deux tiers du diamètre du boîtier, que la suivante soit un peu plus grande, et ainsi de suite jusqu'à la quatrième, la cinquième ou la sixième, la dernière devant être bien ajustée dans le boîtier.

Observer aussi à laisser la quantité de poudre au fond de chaque boule augmenter à mesure que les boules augmentent de diamètre, ou à mesure qu'elles se rapprochent du haut de l'étui ; non pas à cause du poids supplémentaire de la balle, mais, comme sur les balles situées près du sommet, la force de la poudre cesse d'agir sur la balle plus tôt que sur celles situées plus bas dans l'étui, par conséquent la force pour lancer la balle la balle doit être à la même distanceincrease proportionally ; Une autre raison pour diminuer la quantité de poudre vers le bas, c'est que la même quantité utilisée avec la boule du bas qu'avec la boule du haut ferait éclater l'étui et détruirait tout l'effet qu'elles sont censées produire.

La composition à remplir se trouvera dans le tableau, section 7 .

La meilleure manière d'exposer ces bougies romaines est de les placer en rangées sur un support, les unes fixées tout à fait perpendiculaires, les autres inclinées sous différents angles, afin que les boules puissent être projetées à diverses distances et produire un plus bel effet. Le plus grand angle de déclinaison ne doit pas dépasser quarante-cinq ou cinquante degrés.

Une variété très agréable de Gerbes peut être produite en remplissant les caisses cylindriques avec les compositions appelées feu chinois (voir article suivant), étant remplies de rouge ou de blanc et utilisées avec différentes proportions d'ingrédients, elles peuvent être coulées en plusieurs et diverses nuances de couleurs.

Feu chinois.

10. FEU CHINOIS. — L'ingrédient principal qui forme cette belle composition, a déjà été décrit dans l'article 6, section 2, sous le nom de Sable de fer ; ce que nous devons donner ici, c'est la proportion dans laquelle il est utilisé avec les autres ingrédients ; la composition est divisée en deux distinctions particulières, à savoir le rouge et le blanc, et chacune d'elles est faite avec des proportions différentes des ingrédients selon les calibres des caisses destinées à en être remplies, calibre qui est estimé par le poids des boulets de plomb. , qui rempliront simplement leur diamètre, comme cela a été enseigné dans l'article Gerbes.

Composition pour le feu chinois.

Pour le feu chinois rouge.

	Calibres.	Salpêtre.	Soufre.	Charbon.	Sable 1ère commande.
JE.	12 à 16 *livres.*	1 *livre.*	3 *onces.*	4 *onces.*	7 *onces.*
II.	16 à 22 *livres.*	1 *livre.*	3 *onces.*	5 *onces.*	7 *onces.* 8 *Drs.*
III.	22 à 36 *livres.*	1 *livre.*	4 *onces.*	6 *onces.*	8 *onces.*

Pour le feu chinois blanc.

	Calibres .	Salpêtre .	Poudre meurtrie .	Charbon .	Command e 3D de sable.
JE.	12 à 16 *livres.*	1 *livre.*	12 *onces.*	7 *onces.* 8 *Drs.*	11 *onces.*
II.	16 à 22 *livres.*	1 *livre.*	11 *onces.*	8 *onces.*	11 *onces.* 8 *Drs.*
III .	22 à 36 *livres.*	1 *livre.*	11 *onces.*	8 *onces.* 8 *Drs.*	12 *onces.*

Après avoir soigneusement pesé les différents ingrédients, on aura soin de tamiser le salpêtre et le charbon deux ou trois fois au tamis à cheveux, afin qu'ils soient bien mélangés ; on humidifiera ensuite un peu le sable de fer avec de l'eau-de-vie ou de l'alcool de vin, qui feront adhérer le soufre, et il faudra qu'ils soient bien incorporés. Le sable qu'on dit maintenant sulfuré doit être mélangé au mélange de salpêtre et de charbon de bois, puis agité et retourné jusqu'à ce que les parties soient complètement incorporées.

SECTION VI.

Des fusées.

Venons-en maintenant à cette partie de notre travail qui traite de la plus belle de toutes les productions pyrotechniques.

Les fusées ont toujours occupé la première place parmi les feux d'artifice isolés depuis l'invention de cet art ; et à laquelle ils ont droit à juste titre, à la fois pour l'apparence agréable qu'ils produisent lorsqu'ils sont tirés par eux-mêmes, et pour l'application étendue qu'ils font pour augmenter la beauté des autres expositions.

Ils sont appelés par les Italiens *Rochette* et *Raggi* ; par les Allemands *Raketen* et *les Drachetten* ; par les Français *Fusées*; et par les Latins *Rochetæ* ; d'où semble dériver le nom que leur ont donné les Anglais ; Voilà pour leurs noms : quant à leur invention, il est très probable qu'elle a eu lieu à une période très ancienne, sinon parmi les premières productions de cet art. Les anciens pyrotechniciens les considéraient comme les articles de fabrication les plus difficiles, à tel point que c'était la première tâche imposée aux disciples de Prométhée [8] ou aux professeurs de cet art ; et la qualité de l'article fournissait un critère de leurs prétentions.

On peut se demander si les anciens possédaient une telle variété de ces articles que nous en avons aujourd'hui ; mais il est à peu près certain qu'ils connaissaient bien les proportions propres des moules nécessaires à leur fabrication, à tel point que dans plusieurs de leurs traités, nous les voyons employer les calculs mathématiques les plus difficiles et donner des formules algébriques complexes, dans le but de trouver leur vraie proportion; mais nous nous efforcerons d'éviter bon nombre de ces difficultés inutiles et de rendre nos explications familières sans sacrifier entièrement les recherches scientifiques.

Les fusées sont constituées de solides cylindres de papier, qui, remplis de la composition appropriée, sont fortement enfoncés, et le feu étant appliqué à leurs ouvertures, ils sont amenés à s'élever dans les airs ou dans toutes les directions requises ; ils ont généralement une tête fixée sur eux contenant de la poudre de maïs, des étincelles et beaucoup d'autres décorations, qui, lorsque le corps de la fusée est consumé, prennent feu, éclatent dans l'air et produisent une plus belle apparence ; on les appelle des fusées célestes. D'autres sont conçus pour courir avec une grande vitesse le long d'une ligne et sont donc appelés Line-rockets, ou Courantines. Les unes sont fixées sur la circonférence, ou sur l'axe d'une roue, et sont dénommées Roues-fusées ; tandis que d'autres ont leurs étuis parfaitement étanches, et étant remplis d'une composition plus forte, ils peuvent être plongés dans et sous l'eau sans retarder leur inflammation ; ceux-ci reçoivent l'appellation significative de Fusées à eau.

Fusées célestes.

1. *Fusées célestes.* — Les fusées aériennes, quant à leur taille, sont divisées en trois sortes, à savoir celles dont le calibre ou le diamètre intérieur n'excède pas celui d'une balle d'une livre ; ou ayant leur orifice égal à une balle de plomb, qui pèse exactement une livre ; car la grandeur relative des fusées est estimée par le diamètre des boules de plomb ou des balles, de la manière enseignée dans l'article Gerbes. C'est pourquoi celles dont le calibre ne dépasse pas une balle d'une livre sont appelées fusées de petite taille ; ceux dont le calibre est de une à trois livres sont de taille moyenne ; et celles dont les calibres dépassent les dernières dimensions sont appelées fusées de la plus grande taille ; ou sont nommés d'après leur poids, estimé comme ci-dessus.

Nous passons maintenant à la description des moules et des appareils nécessaires à la fabrication des fusées, car de la proportion appropriée (comme nous l'avons observé précédemment) dépend en grande partie la qualité de l'article. Ces moules sont également nécessaires pour pouvoir préparer un nombre illimité de fusées de même taille et de même force. Comme les fusées sont faites de différentes tailles, il est évident que des moules de différents diamètres doivent être produits.

La figure 1, planche 1 , représente un moule fait et proportionné par le diamètre de son calibre, qui est divisé en parties égales et rendu en échelle, par laquelle les proportions relatives peuvent être comprises, simplement par une contemplation de la figure. Ainsi AB est le calibre ou le diamètre ; CD sur toute sa hauteur, y compris le pied complet, et égale à huit diamètres, selon l'échelle : E est l'épaisseur du moule, et peut être environ un demi-diamètre ; il doit être fait d'un bois dur, tel que le lignum vitæ, ou le buis, et peut être soit orné, soit uni ; F est une goupille de fer qui sert à fixer fermement le cylindre à son pied. La figure 2 représente le pied détaché du cylindre et dessiné dans les vraies proportions selon l'échelle ; G, H, I, J, sont la base et peuvent avoir une hauteur d'environ un diamètre et demi ; K, l'étranglement qui sert à relier le cylindre au pied ; L est le mamelon, qui a un demi-diamètre de haut et une épaisseur égale au premier, soit cinq huitièmes de diamètre ; M est le perceur, dont la hauteur est de trois diamètres et demi à partir du mamelon, et en bas un tiers ou un quatrième diamètre, de là se rétrécissant jusqu'à un sixième diamètre en épaisseur. Ce perceur doit être en fer et fermement inséré dans le pied ; son but est de conserver au centre de la charge un vide dont nous expliquerons ci-après la nature. La figure 3 est un gabarit en deux morceaux, reliés par une broche en fer (de diamètre égal au fond du perceur) dont les deux extrémités sont arrondies, afin que l'étouffement ou la contraction de la cartouche puisse être effectué. plus facilement; le diamètre de ce moule doit être le même que celui du mamelon, ou supposons que le diamètre du moule soit divisé en huit parties égales (ce qui se fait sur une partie de l'échelle), alors le diamètre du moule doit être égal. à cinq de ces parties.

La longueur de ce formeur, ou rouleau, n'est pas particulière, pourvu qu'elle soit assez longue pour permettre une bonne prise en main lors du roulage des caisses ; la partie courte du premier A peut avoir deux diamètres de longueur et doit avoir une ligne B marquée autour d'elle au milieu, ou un diamètre à partir de l'extrémité ; la partie la plus longue peut avoir sept ou huit diamètres, ce qui donnera une bonne prise en main lors du laminage.

Les figures 4 et 5 sont des pilonneuses, ou goupilles de dérive, utilisées pour charger les boîtiers, qui doivent être percées dans le sens de la longueur pour s'adapter au perceur.

Figure 4 . Le premier pilon doit être percé sur toute la longueur du perceur, le deuxième pilon doit être percé d'un diamètre et demi ; lorsque l'étui est chargé et enfoncé au-dessus du perforateur, il faut utiliser un pilon court et solide, et ces pilons doivent être un peu plus petits que les premiers, pour éviter de blesser l'intérieur de la cartouche, lors de l'enfoncement dans la charge. Ils doivent être faits de quelque bois dur, et leurs extrémités fixées par des ferrels de laiton, ou de tout autre métal, qui les maintiendront them from splitting ou s'étendront : leurs longueurs ont peu d'importance, pourvu qu'elles ne dépassent pas de beaucoup les profondeurs relatives de la cartouche ; car, comme disent les ouvriers, plus le pilon est long, moins la composition sera pressée par le coup donné by the mallet.

La proportion entre la longueur des fusées et leur calibre n'est pas la même dans les fusées de dimensions plus ou moins grandes que celles données ci-dessus, mais doit varier à peu près comme leur grandeur ; c'est-à-dire que leur longueur doit être diminuée à mesure que leur calibre augmente. La longueur du moule pour les petites fusées doit être six fois le calibre, mais pour les fusées de taille moyenne et plus grande, il suffira que la longueur du moule soit cinq fois, ou même quatre fois celle du calibre.

Ce qui suit est un tableau calculé pour régler la hauteur et le diamètre du moule en fonction du poids des fusées, lorsqu'elles sont enfoncées à bloc, ou sans l'aide d'un perceur. Il est extrait d'un vieux traité sur les feux d'artifice du lieutenant Robert Jones ; et inséré pour aider ceux qui souhaiteraient construire des fusées sans perforateur, une pratique que nous ne recommanderions jamais à ceux pour qui notre « Manuel » est conçu. Pour ceux qui fabriquent des feux d'artifice pour la vente, c'est certainement le moyen le plus rapide de les enfoncer solidement, et avec la machine de les percer ou de les percer ensuite ; mais pour ceux qui fabriquent des fusées pour leur propre loisir, c'est de loin la meilleure solution de les charger sur un perceur, car par l'autre méthode, cela nécessitera un appareil très coûteux, [9] et au début plus d'habileté pour l'utiliser. que ce que possédera le Tyro, et finalement il ne sera jamais sûr d'avoir fait un bon article.

Dimensions des fusées.

TABLEAU I.

Dimensions des fusées.

Poids de	Longueur du moules sans	Diamètre intérieur	Les hauteurs du
Des fusées.	leurs pieds.	des moules.	les mamelons.
6 *livres*.	34,7 *pouces*.	3,5 *pouces*.	1,5 *pouces*.
4 faire.	31,6 faire.	2.9 faire.	1.4 faire.
2 faire.	13.3 faire.	2.1 faire.	1.0 faire.
1 faire.	12.2 faire.	1.7 faire.	0,85 faire.
8 *onces*.	10.12 faire.	1.3 faire.	0,6 faire.
4 faire.	7,75 faire.	1.12 faire.	0,5 faire.
2 faire.	6.2 faire.	0,9 faire.	0,45 faire.
1 faire.	4.9 faire.	0,7 faire.	0,33 faire.
½ faire.	3.7 faire.	0,55 faire.	0,25 faire.
6 *Drs*.	3,5 faire.	0,5 faire.	0,22 faire.
4 faire.	2.2 faire.	0,3 faire.	0,2 faire.

D'après ce tableau, nous constatons qu'une fusée de six livres percutée doit mesurer trente-quatre pouces sept dixièmes de longueur ; son diamètre extérieur est de trois pouces cinq dixièmes ou trois pouces et demi, et la hauteur du mamelon d'un pouce et demi. Le diamètre du mamelon dans ce cas et dans tous les autres doit être égal à celui du premier, et quant à sa hauteur, je ne l'ai jamais trouvé mieux adapté que lorsque la cavité qu'il formait à l'embouchure de la Fusée était hémisphérique. ou égale en hauteur à la moitié de son diamètre.

Nous allons maintenant, par le tableau suivant, montrer la méthode pour trouver le calibre des fusées d'après leur poids, qui se calcule d'après les principes déjà donnés ; c'est-à-dire qu'une fusée d'une livre est telle que son ouverture admettra simplement une balle d'un poids d'une livre, et ainsi de suite.

Calibre et poids des fusées.

TABLEAU II.

Du calibre des fusées d'un poids d'une livre et inférieur.

16 *onces.*	19½ *lignes.* [dix]	14 *drames.*	7¼ *lignes.*
12 faire.	17 faire.	12 faire.	7 faire.
8 faire.	15 faire.	10 faire.	6 ⅓ faire.
7 faire.	14¾ font.	8 faire.	6¼ faire.
6 faire.	14¼ faire.	6 faire.	5 ⅔ faire.
5 faire.	13 faire.	4 faire.	4½ faire.
4 faire.	12 ⅓ faire.	2 faire.	3¾ font.
3 faire.	11½ faire.		
2 faire.	9 ⅙ faire.		
1 faire.	6½ faire.		

L'utilité de *ce* tableau sera facile à comprendre, car, comme dans le premier cas, si une fusée de 16 onces doit avoir dix-neuf lignes et demie de diamètre, une de 12 doit avoir 17 lignes, une de 8 onces 15 lignes. , un des 8 drams six lignes et quart ; et ainsi des autres.

Si l'on donne le diamètre de la fusée, on peut aussi bien, par la méthode inverse, trouver le poids de la balle correspondant à ce calibre. Par exemple, si le diamètre est de 15 lignes, on verra immédiatement, en cherchant ce nombre dans la colonne de lignes, qu'il répond à une boule de huit onces.

Comme le tableau précédent ne s'étend qu'aux fusées de 16 onces, ou une livre, et à partir de là, le tableau suivant se révélera également utile pour celles de dimensions supérieures.

Calibre des moules.

TABLEAU III.

Du Calibre des Moules de 1 à 57 Livres Balle.

Livres sterling.	Calibre.	Livres sterling.	Calibre.	Livres sterling.	Calibre.
1	100	20	271	39	339
2	126	21	275	40	341
3	144	22	282	41	344
4	158	23	284	42	347
5	171	24	288	43	350
6	181	25	292	44	353
7	191	26	296	45	355
8	200	27	300	46	358
9	208	28	304	47	361
dix	215	29	307	48	363
11	222	30	310	49	366
12	228	31	214	50	368
13	235	32	317	51	371
14	241	33	320	52	373
15	247	34	323	53	376
16	252	35	326	54	378
17	257	36	330	55	380
18	262	37	333	56	382
19	267	38	336	57	385

Par ce tableau, le poids de la balle étant donné, la dimension du moule peut être trouvée de la manière suivante : supposons qu'elle soit de 18 livres ; en face, dans la colonne des calibres, est le 262 ; alors disons par la règle de proportion, comme 100 est à 19 et demi, ainsi 262 est à un quatrième terme, à savoir. 51,09 qui est le nombre de lignes du calibre requis ; donc le calibre d'une fusée de 18 livres sera de 52 lignes à peu près, soit 4 pouces et 4 lignes. Le calibre peut aussi être trouvé en multipliant le nombre correspondant aux livres par 19½, et en retranchant du produit les deux derniers chiffres ; supposons donc que le nombre soit 252, qui multiplié par 19½, le produit 4914 séparé par la virgule décimale donnera 49,14, ou quatre pouces par ligne et un huitième.

Supposons maintenant que le calibre soit donné en lignes, le poids de la balle peut être trouvé avec la même facilité, par exemple si le calibre donné est de 36 lignes, alors comme 19½ : 100 :: 36 : 184 ; le nombre le plus proche dans le tableau est 181, ce qui montre que le poids de la balle sera plutôt supérieur à six livres ; donc une Rocket, dont le calibre est de 36 lignes, est une Rocket d'une balle de six livres.

Remarques sur les tableaux précédents.

REMARQUES SUR LES TABLEAUX CI-DESSUS.

LE TABLEAU I donne les dimensions des moules Rocket lorsque les Rockets sont enfoncés dans la masse ; il a été calculé, comme nous le dit son auteur, à partir d'expériences répétées ; nous l'insérons pour l'information de nos lecteurs, mais nous ne conseillons à personne de pratiquer la méthode du pilonnage solide.

TABLE II.—Ce tableau peut être parfaitement compris par l'explication donnée de son emploi, et en considérant qu'une balle de plomb d'un poids d'une livre n'a que 19 lignes et demi de diamètre, comme cela peut être prouvé par l'expérience ; les nombres inférieurs sont également les diamètres du poids inférieur.

TABLE III.—Ce tableau n'est qu'une extension de ce dernier, quoique sa disposition soit quelque peu différente ; car si 19½, le diamètre d'une balle pesant une livre, est supposé comme unité avec un nombre quelconque de chiffres, répondant au nombre de parties en lesquelles le même diamètre est divisé, (ce qui peut être fait au moyen de l'échelle diagonale), que ce nombre soit 100, ce qui répond à un dans la colonne des livres : c'est-à-dire que si vous supposez 100 pour le premier nombre, et qu'il soit augmenté à la puissance trois, [11] votre premier cube sera 1 000 000, dont la racine cubique (étant 100) doit être placée dans votre tableau comme racine première, et répondant à l'unité dans la colonne des livres : alors pour le deuxième nombre, qui est de deux livres, il faut extraire la racine cubique du double de cela numéro, à savoir. 2.000.000, ce qui fera presque 126, (ou continué jusqu'à plus de places 1.259.921) et ce sera le deuxième nombre de votre Tableau ; et de la même manière on trouvera le troisième nombre, c'est-à-dire en triplant le premier cube et en extrayant la racine comme précédemment, qui sera 144, et ainsi du cinquième, du sixième, etc. jusqu'au bout du tableau. Ces tables sont indispensables à la fabrication des fusées, afin de conserver une uniformité aux fusées de même espèce, et de rendre plus sûrs leurs effets, comme cela a été corroboré par des expériences répétées.

Préparation des cartouches.

Préparation des cartouches. — A cet effet, il faut utiliser du grand papier rigide d'un genre particulier ; à savoir, celui qui, étant principalement utilisé à cet effet, est connu sous le nom de *papier cartouche* . Pour les caisses de la plus petite taille, jusqu'à cinq ou six livres, c'est le meilleur matériau que nous puissions employer ; il faut l'enrouler autour du premier (dont nous avons déjà indiqué les proportions par rapport au moule) jusqu'à ce qu'il adhère étroitement au cylindre, et le dernier pli doit être fixé au moyen d'une pâte commune. Si une pâte fine est utilisée tout au long du laminage, les caisses seront bien améliorées.

Pour les fusées de plus grande taille, les étuis doivent être faits d'un matériau plus résistant, tel que du carton, de l'espèce mince et inférieure, dont les plis doivent être bien fixés avec de la pâte ou de la colle forte. Lors de la fabrication des étuis, un motif du pli extérieur, avec une extrémité inclinée, doit être conservé pour chaque format, et dessus il doit être marqué le nombre de feuilles ou de plis requis pour fabriquer une cartouche de ce format. Cette méthode permettra d'assurer une régularité dans la confection et la formation des étuis.

Le papier étant préparé de format convenable, une partie de la première feuille doit être rabattue jusqu'à ce que la double épaisseur fasse deux ou trois fois le tour de la *première* ; on pose ensuite le *premier* sur ce double bord, et le manche dépassant de la table, on enroule le papier en deux ou trois tours ; lorsqu'une seconde feuille doit être posée sur la partie libre de la première, puis rouler le tout fermement et uniformément sur la première ; ces deux feuilles doivent être de longueurs suffisantes pour les dimensions de la caisse, mais si elles ne le sont pas, il faut en ajouter une troisième de la même manière que la seconde.

Dans le but de rouler les caisses de manière serrée et régulière, on les passe deux ou trois fois sous la *planche à rouler* (qui est une pièce de bois lisse d'environ dix-huit pouces de long et d'une largeur égale à la longueur de la fusée, avec un poignée en haut, une fois terminé, quelque chose de semblable à un flotteur de plâtrier ;) en ayant soin de les rouler de la même manière qu'en les roulant sur le premier.

- 52 -

La cartouche étant formée à la dimension appropriée, et le dernier pli étant fixé par de la pâte, etc. il s'agit maintenant de recevoir la contraction, ou, comme on l'appelle généralement, l'étouffement ; qui est effectué par l'appareil simple représenté par la figure 7 . Que le premier et le petit embout soient maintenant réunis au moyen de leur fil de connexion, et que le petit morceau soit enfoncé dans le boîtier jusqu'à la ligne B, marquée à cet effet autour ; puis passez le cordon une fois autour de l'étui, exactement au-dessus de la jonction des formeurs, et d'abord appuyez doucement avec le pied sur la pédale, et continuez à faire rouler l'étui sur la ligne, ce qui permettra à l'étranglement d'être exempt de rides et autres. inégalités.

Les caisses de petites dimensions peuvent être facilement contractées de la manière ci-dessus, mais lorsqu'elles sont de plus grande taille, elles présenteront plus de résistance à la corde d'étouffement qu'elle ne pourra en vaincre ; mais cette difficulté peut être évitée en humidifiant avec de l'eau l'extrémité de l'étui et en l'étouffant avant l'enveloppe de la dernière feuille ; qui peut ensuite être mise, et de nouveau étouffée, et la contraction bien assurée par de la ficelle ou du fil ciré solide, qui doit être passé plusieurs fois autour de la cartouche, et ensuite sécurisée par deux ou trois nœuds courants faits l'un au-dessus de l'autre.

Le boîtier (restant toujours sur le premier) doit maintenant être inséré dans le moule cylindrique sans son pied, et posé sur un bloc solide, et le premier enfoncé fortement sur son embout, de manière à rendre la contraction douce et fermée. ; après quoi l'étui doit être coupé à sa longueur appropriée, de manière à s'élever un peu au-dessus du moule, et en laissant un demi-diamètre depuis l'étranglement jusqu'au bord de l'embouchure : la découpe de l'étui à sa longueur appropriée sera mieux effectuée. tandis que sur le premier, qui une fois terminé, le premier doit être retiré, et le boîtier étant remis dans le moule, après avoir le pied et le perceur correctement fixés, doit être enfoncé sur le perceur avec le long pilon perforé, afin d'obtenir la contraction de la bonne taille.

Remplissage et pilonnage des caisses.

Remplissage et pilonnage des caisses. — Dans cette partie de l'opération, nous devons être aussi prudents que dans n'importe quelle autre partie du passé ; car s'il existe une inégalité dans la densité de la composition, produite par l'inattention au pilonnage, les fusées ne s'élèveront pas avec un mouvement uniforme, ni ne monteront à leur propre hauteur ; mais au contraire, ils observeront un mouvement très erratique et seront déviés par chaque particule rénitente qu'ils pourront rencontrer au cours de leur course.

Instructions pour le remplissage et le pilonnage.

Pour éviter cette déception et rendre plus certaine l'ascension des Rockets, il faut suivre les instructions suivantes :

1. Votre composition ne doit pas être trop sèche, sinon elle risquerait de se disperser et de voler dans une sorte de farine subtile ou de poussière, pendant que vous la conduisez ; mais si vous l'humidifiez un peu juste pour détruire sa nature poussiéreuse avec un peu du liquide mentionné dans la première partie de notre MANUEL , cela le fera s'accumuler et sera plus solidement comprimé dans le cas de la fusée.

2. Il ne faut pas mettre dans l'étui, à chaque pilonnage, une quantité de composition inférieure à la moitié de son diamètre intérieur ; et le remplissage doit être ainsi continué graduellement, jusqu'à ce que la charge s'élève exactement d'un diamètre au-dessus du perceur.

3. Beaucoup a été dit par les auteurs de pyrotechnie sur le nombre de coups propre à donner au pilon, à chaque louche pleine de composition (un morceau de cuivre façonné en forme de cuillère, et contenant la quantité convenable répond le mieux). pour une louche ;) quelques-uns ont assigné aux roquettes de quatre onces seize coups de maillet, à celles d'une livre vingt-huit coups, et augmentant ainsi le nombre des coups de six, à chaque livre ; mais à notre avis ces règles sont plus ridicules qu'utiles ; car le même maillet, en possédant un élan différent, pourrait produire un effet, tantôt double , triple , ou peut-être *moindre* , qu'à un autre moment. Il est donc impossible d'attribuer un nombre déterminé de coups, à donner à chaque pilonnage ; la seule règle certaine est que la composition doit être chassée jusqu'à ce qu'elle devienne bien ferme et compacte, et que sa densité (aussi près que possible) soit la même dans toute la charge. Si les règles du nombre de coups contribuent de quelque manière à conférer cette propriété à la charge, nous n'avons pas le moins envie de les déprécier.

4. Lors du pilonnage, il est préférable de faire tourner constamment le pilon dans le boîtier, et en utilisant le pilon perforé, assurez-vous de faire sortir la composition du creux à chaque pilonnage, sinon elle risque d'être fendue par le perceur. .

5. Retourner la cartouche à la fin de chaque pilonnage, afin que les particules libres de la composition qui ne sont pas comprimées puissent s'échapper, car si on les laissait rester dedans, elles se révéleraient nuisibles à l'article.

6. Les fusées doivent toujours être percutées sur un bloc solide ou sur un poteau solidement enfoncé dans la terre ; leur pilonnage ne peut être correctement effectué sur aucune table quelle qu'elle soit.

7. Les roquettes doivent être percutées avec des maillets quelque peu proportionnés à leur ampleur ; c'est-à-dire que si une fusée d'une livre peut

être correctement percutée avec un maillet pesant deux livres, une fusée de deux livres devrait être percutée avec un maillet de quatre livres, ou presque dans cette proportion. Les fusées de plus de huit livres ne peuvent pas être percutées à la main ; mais lorsqu'on les veut d'une telle grandeur, il faut les enfoncer au moyen d'une machine semblable à celle utilisée pour enfoncer les pieux dans la terre ; Les fusées de grandes dimensions, dont les boîtiers sont constitués d'un matériau solide et convenablement préparé, peuvent être facilement enfoncées sans être placées dans un cylindre, ce qui sera un avantage, car autant de moules ne seront pas nécessaires. Mais pour cette méthode d'enfoncement, il faut se préparer avec des écrous *de laiton* ou *de fer* , de dimension proportionnée à la fusée, qu'on fera visser dans une partie du bloc moteur ; et dans le but de rendre le boîtier plus ferme pendant l'enfoncement, un piquet ou une pièce verticale doit être fixé au bloc, se dressant à la hauteur du boîtier et à une distance appropriée du mamelon ; le côté de ce pieu, après l'étui, doit être cannelé de manière à ce que l'étui s'y adapte étroitement ; sur le côté opposé du boîtier, il faut appliquer une pièce libre cannelée de la même manière ; puis, avec un cordon, attachez ensemble la caisse et les deux demi-moules (que ces deux pièces formeront presque) et la caisse sera prête à être remplie. Les cartouches étant remplies à la hauteur convenable, c'est à dire un diamètre au-dessus du perceur, si la Fusée doit être sans meuble, séparer avec un fil de fer quelconque, la moitié des plis du papier qui reste au-dessus, et les avoir retournés sur le composition, appuyez-les avec la tige et le maillet afin de les rendre lisses et uniformes. Percez ensuite trois ou quatre trous dans le papier plié au moyen d'un perceur, qu'il faudra faire pénétrer jusqu'à la composition de la Fusée. Ces trous sont destinés à former une communication entre le corps de la Fusée et la vacuité à l'extrémité du chariot, comme on l'appelle, ou la partie laissée vide. Dans les petites fusées, cette vacuité est remplie de poudre granulée (qui sert à les laisser s'échapper lorsque leur charge est consommée ;) elles sont ensuite recouvertes de papier, et soit pincées de tout près au moyen de l'appareil d'étouffement, soit couronnées d'un petit petit cône conique. capuchon, ce qui le fera monter à une plus grande hauteur. Si l'on fait un seul trou au centre du papier plié, il remplira l'usage de trois ou quatre, en ayant soin qu'il soit aussi droit que possible, et environ un quart du diamètre du calibre de la boîte ; dans ce trou il faudra mettre un peu de la composition de la fusée pour que le feu ne manque pas de se communiquer : — une fusée terminée de cette manière est représentée à la fig. 23 . Dans les fusées de plus grandes dimensions, au lieu de poudre granulée, les cercueils ou pot contenant les étoiles, serpents, pétards, etc. sont adaptés au dessus de la boîte : le pétard est une petite boîte ronde en fer blanc unie au diamètre de la boîte, et remplie de poudre fine ; il est déposé sur la composition après le pilonnage, et le papier restant est rabattu dessus pour le maintenir en place ; le pétard produit son effet lorsque la Fusée est en l'air et que la composition est consommée.

Les autres meubles sont attachés à la Fusée en ajustant à sa tête un pot ou cartouche vide de plus grandes dimensions que lui, afin qu'il puisse contenir les divers appendices qui doivent le rendre si supérieur aux autres, en beauté et en splendeur. de son émication.

Préparer et fixer les pots à la tête des Rockets.

Préparer et fixer les pots à la tête des Rockets. — Les fusées auxquelles sont attachés des meubles sont percutées d'une manière quelque peu différente de celles qui sont sans aucun appendice, mais la différence est seulement sur ce point particulier ; lorsqu'on l'enfonce d'un diamètre au-dessus du perceur, au lieu de rabattre sur la composition les plis intérieurs du papier, enfoncez sur la composition un tiers de diamètre d'argile pure et sèche, et au centre de celle-ci percez un trou (environ un quart de diamètre).) et y mettre un peu de la composition, afin que la charge puisse communiquer avec la poudre, etc. dans la tête.

La tête d'une fusée doit avoir environ deux diamètres de haut et un diamètre d'un sixième de large. L'étui doit être roulé sur une forme ayant à l'extrémité opposée à la poignée une échancrure carrée correspondant à l'épaisseur et à la largeur du collier, comme cela est représenté à la fig. 9. La figure 10 est le collier, fait de tilleul, de peuplier ou de tout bois léger ; son diamètre extérieur doit être égal au diamètre intérieur du boîtier, ou le même que le premier, et son diamètre intérieur ne doit pas être aussi large que le diamètre intérieur du boîtier Rocket ; son épaisseur doit être égale à un sixième de diamètre, et autour de son bord doit être une rainure, afin que le boîtier de la tête puisse y être solidement fixé. Pour former l'étui, il faut enrouler autour du premier trois ou quatre tours de papier ou de carton, avec le collet en place, et bien fixés avec de la colle ; l'extrémité au-dessus du collier doit être pincée au moyen de la corde et de l'appareil d'étranglement dans la rainure de son bord, puis fixée par une ficelle étroitement nouée autour. Le but du collier est de maintenir la tête dans une forme convenable, de réaliser un fond pour son remplissage, et de la rendre plus ferme et mieux reliée à l'étui. Lorsque la tête est ainsi réalisée, étant correctement fixée à son collier, elle doit être fixée (au moyen de colle ordinaire) à l'extrémité supérieure de la Fusée, opération dans laquelle la raison et l'utilité de réaliser le diamètre intérieur du collier moins que l'extérieur de la cartouche apparaîtra clairement ; il sera évident que la cartouche de la fusée sera trop grande pour la première, sans quelques modifications, lesquelles modifications doivent être faites de la manière suivante : marquez autour du diamètre de la fusée la distance appropriée du haut, ou de telle sorte que le collier est à peu près son épaisseur au-dessus de l'enfoncement de la cartouche, et enlevez environ trois tours de papier, qui laisseront une épaule au boîtier, sur laquelle le collier peut reposer, et seront rendus bien sécurisés en collant du papier autour de leurs jonctions en dessous .

Dans la manière de charger le pot décrit ci-dessus, nous devons presque laisser le Tyro à lui-même, cela dépendant principalement de ses goûts et de ses souhaits, car il peut le remplir soit de serpents, de craquelins, de saucissons, de marrons, d'étoiles, d'étincelles, de pluies de feu, ou toute chose à laquelle sa capacité est adaptée ; il sera cependant préférable de réunir plusieurs des différents articles en un seul chapitre afin d'augmenter la beauté de l'exposition.

Lors du remplissage de la tête, les instructions suivantes doivent être respectées : -

Le papier qui recouvre la charge de la fusée doit être percé, et un peu de la même composition est secoué dans les trous ; disposez ensuite dans la tête les différents objets dont elle doit être chargée, mais veillez particulièrement à ce que la quantité introduite ne soit pas plus lourde que le corps de la Fusée. Lorsque la tête est chargée, il convient de disposer quelques boules de papier autour des différents articles afin de les maintenir correctement à leur place. Au sommet de chaque tête, mettez une louche pleine de poudre de farine (il s'agit de la louche que vous utilisez pour remplir les caisses) qui suffira à éclater la tête et à disperser les étoiles ou tout ce qu'elle contient.

En chargeant la tête avec des caisses de toute sorte, assurez-vous de placer la bouche vers le bas, sans aucun papier tactile ; la tête peut être presque remplie des objets dont elle est chargée, après quoi on colle dessus un morceau de papier ordinaire ; et par-dessus il faut placer un cône du même matériau, fait sur le forme conique, fig. 8 . Pour faire les calottes, décrivez (avec un compas ouvert à la longueur du premier) un cercle, qui étant divisé en deux parties égales, fera deux calottes ; sur lequel il faut coller un autre capuchon semblable, mais de plus grandes dimensions, de manière à ce qu'il s'étende au-dessous du fond de celui intérieur ; de sorte qu'étant juste un peu coupé et appliqué sur la tête, on puisse y coller, ce qui sera une fixation suffisante.

Tableau pour la longueur et la proportion des tiges.

La dernière tâche dans la fabrication d'une fusée est celle de la fixer à sa tige, que nous allons décrire maintenant, car elle requiert autant de finesse que dans toutes les opérations passées.

La tige doit être faite d'un morceau de sapin propre, parfaitement droit, et ses dimensions réglées par la taille de la fusée, de telle manière que lorsqu'elle est suspendue au bord d'un couteau ou d'un fil de fer, à environ un pouce de l'étau, la la tige et la fusée doivent être en équilibre. Le tableau suivant a été calculé pour les longueurs et les proportions de la tige, et peut être invoqué : -

Poids des fusées		Longueur des tiges		Épaisseur et largeur en haut			Carré en bas	
kg.	*onces.*	*Pieds.*	*Pouces.*	*Pouces.*			*Pouces.*	
6	0	14	2	1½	par	1⅞	0	¾
5	0	13	8	1¼	—	1¾	0	⅜
4	0	12	9	1¼	—	1½	0	⅝
3	0	dix	8	1 1/7	—	1⅛	0	½
2	0	9	3	1⅛	—	1	0	½
1	0	7	dix	¾	—	⅞	0	⅜
0	8	6	6	½	—	¾	0	¼
0	4	5	2	⅜	—	⅝	0	¼
0	2	4	1	3/10	—	½	0	3/16
0	1	3	5	¼	—	⅜	0	3/16
0	½	2	3	3/16	—	¼	0	⅛
0	¼	1	dix	⅛	—	3/16	0	⅛

D'après le tableau ci-dessus, nous constatons qu'une fusée de six livres nécessitera une tige de 14 pieds 2 pouces de long, qui, étant correctement rabotée aux autres dimensions, doit être creusée sur le côté voisin de la fusée ; et du côté opposé, il faut faire deux encoches, l'une à environ un pouce de l'extrémité (la tige remontant jusqu'au dessous de la tête), et l'autre en face de l'étranglement de la Fusée, pour admettre la corde. avec lequel il est attaché, et qu'il puisse être plus fermement attaché à la tige. Bien que le tableau ci-dessus ait été soigneusement calculé, et cela à partir d'expériences, il ne serait pas bon de s'en fier entièrement, mais plutôt de produire un équilibre entre la tige et la fusée (au moyen d'une tige plus légère ou plus lourde), lorsque suspendu comme avant. Il est important que cela soit pris en compte ; car sans un équilibre approprié, la fusée montera dans une direction oblique et tombera au sol bien avant que sa composition ne soit consommée.

Pour tirer ces fusées, deux anneaux fixes doivent être vissés solidement dans un poteau vertical et exactement opposés l'un à l'autre, l'un supérieur près du sommet du poteau, et l'autre environ aux deux tiers de la longueur de la tige vers le bas ; la tige doit y être passée, et la bouche appuyée légèrement sur celle du haut, la Fusée doit être bien dégagée du poteau. Une fois ainsi fixé et qu'un hublot allumé est appliqué à son embouchure, il s'élèvera immédiatement (s'il est correctement fait) avec une vitesse prodigieuse, et après avoir atteint sa plus grande hauteur, il éclatera et déchargera ses beautés lumineuses dans l'atmosphère. Une fusée avec sa tête et sa tige complètes est représentée à la fig. 22 .

Tableaux de composition des fusées.

LA COMPOSITION POUR FUSÉES.

Comme nous souhaitons compléter l'article Roquettes dans cette section, nous donnerons ici la composition propre à les garnir, qui doit varier dans la proportion de ses ingrédients selon la taille de la Roquette ; cette variation dans la force de la composition est positivement nécessaire ; car ce qui convient aux petites fusées serait beaucoup trop fort pour les grandes, donc sa force devrait augmenter à peu près à mesure que les dimensions des fusées diminuent.

1. Pour des roquettes d'une et deux onces, les ingrédients pour une composition appropriée doivent être :

Une livre de poudre à canon, deux onces de charbon mou et une once et demie de salpêtre.

2. Deux à trois onces de roquettes :—

A quatre onces de poudre, ajoutez une once de charbon de bois, ou à neuf onces de poudre, ajoutez deux onces de salpêtre.

3. Roquettes de quatre onces :—

A une livre de poudre, ajoutez quatre onces de salpêtre et une once de charbon de bois. La composition sera beaucoup plus forte si dans cette proportion : A dix onces de poudre, ajoutez trois onces et demie de salpêtre et trois onces de charbon.

4. Roquettes de cinq ou six onces :—

Poudre à canon deux livres cinq onces, salpêtre une demi-livre, soufre deux onces, charbon de bois six onces et limaille de fer deux onces.

5. Roquettes de sept ou huit onces :—

Poudre à canon dix-sept onces, salpêtre quatre onces, soufre trois onces.

6. Roquettes de huit à dix onces :—

Poudre à canon deux livres cinq onces, salpêtre huit onces, soufre deux onces, charbon de bois sept onces, limaille de fer trois onces.

7. Roquettes de dix ou douze onces :—

Poudre à canon une livre une once, salpêtre quatre onces, soufre trois onces et demie, charbon une once.

8. Douze à quatorze onces de roquettes :—

Poudre à canon deux livres quatre onces, salpêtre neuf onces, soufre trois onces, charbon de bois cinq onces, limaille de fer trois onces.

9. Roquettes d'une livre :—

Poudre à canon une livre, charbon de bois trois onces, soufre une once.

10. Roquettes de deux livres :—

Poudre à canon une livre quatre onces, salpêtre deux onces, charbon de bois trois onces, soufre une once, limaille de fer deux onces.

11. Fusées de trois livres :—

Poudre à canon quatre onces, salpêtre une livre, soufre huit onces et demie, charbon de bois deux onces.

12. Fusées de quatre livres :—

Poudre à canon une demi-livre, salpêtre quinze livres, soufre deux livres, charbon de bois six livres.

Pour les fusées de la plus grande taille :—

A huit livres de salpêtre, ajoutez vingt onces de soufre et quarante-quatre onces de charbon de bois.

Les différents ingrédients doivent être broyés séparément et tamisés, puis pesés et mélangés ensemble, en vue du chargement des cartouches.

Nous passons maintenant à la description de certaines des diverses modifications dont les Rockets sont susceptibles dans leurs expositions ; dans lequel nous nous efforcerons de mélanger les traits les plus saillants : si nous essayions de donner le tout, cela anéantirait le but de notre travail ; il est en effet impossible de fixer des limites au champ de variété qui s'ouvre ici ; nous en décrirons donc quelques-uns des plus particuliers, et laisserons le reste au Tyro, en l'assurant que cela constituera une source d'amusement agréable et fournira une excellente matière pour l'exercice de son ingéniosité.

Faire monter une fusée sous forme de spirale.

1. POUR FAIRE MONTER UNE FUSÉE EN SPIRALE.

La tige d'une fusée a été comparée au gouvernail d'un navire ou à la queue d'un oiseau ; dont le but est de faire tourner le navire ou l'oiseau vers le côté vers lequel il est incliné ; une tige droite, comme le prouve l'expérience, fait monter une fusée en ligne droite, parce que le centre de gravité se trouve ou est parallèle à la ligne centrale de la tige ; mais si nous appliquons une tige tordue, ou qui fait partie d'un cercle, ce ne sera pas le cas, car le premier effet sera de faire incliner la fusée du côté vers lequel elle est courbée ; mais le centre de gravité le plaçant ensuite dans une position verticale, le résultat sera que la fusée montera en forme de spirale.

Les fusées ainsi exposées déplacent évidemment un plus grand volume d'air, par conséquent elles ne peuvent pas monter aussi haut que celles qui sont poussées dans une direction droite ; mais néanmoins leur vol particulier produira un effet très agréable.

Des fusées imposantes.

2. FUSÉES IMMINENTES.

Ainsi appelé à cause de leur ascension à une plus grande hauteur que toutes les autres ; cela s'effectue en fixant une fusée au sommet d'une autre de dimensions supérieures : — ainsi, supposons que celle du bas soit une fusée de douze onces, alors celle du haut devrait être une fusée de trois onces ; le plus grand doit avoir une petite tête formée autour de son propre diamètre, puis y placer la bouche du plus petit ; la bouche doit être frottée avec de la poudre de farine mouillée avec de l'alcool de vin ; l'alésage de la charge ne doit pas être rempli, mais y insérer un morceau d'allumette rapide, dont l'autre extrémité doit entrer dans les perforations au sommet de la plus grande fusée, qui formeront une communication entre elles. La grande fusée doit être remplie seulement un demi- diamètre au-dessus du perceur ; si elle est remplie plus haut, elle commencera à descendre avant que la partie supérieure ait pris feu et ne produira aucun effet supplémentaire.

La force avec laquelle la petite fusée partira sera suffisante pour la dégager de l'autre, sans qu'il soit besoin de poudre pour l'effectuer ; un seul rond de papier collé à la jonction des deux Rockets suffira à les relier entre eux.

Concernant les cannes pour Towering Rockets, les mêmes principes sont à appliquer que pour les autres.

Fusées honoraires.

3. FUSÉES HONORAIRES.

Prenez environ une livre de fusée de notre première description, telle que représentée sur <u>la fig. 23</u> ; puis sur l'étui, près du sommet de la tige, attachez, dans le sens transversal, un étui de deux onces, qui doit être rempli d'une forte charge, et étranglé assez étroitement aux deux extrémités ; puis vers chaque extrémité et sur les revers, percez un trou de taille moyenne, et de chacun portez un chef dans le sommet de la grande fusée. Lorsque la fusée atteint sa plus grande hauteur, elle communique son feu à la croix au sommet ; à partir des trous étant pratiqués dans une direction transversale, il tournera très vite, et représentera dans son retour vers le sol, une spirale de feu descendant. Il existe plusieurs autres méthodes de réglage du petit boîtier ; l'une consiste à laisser la tige s'élever d'environ un pouce ou un peu plus au-dessus du sommet de la fusée, et à y attacher l'étui, de manière à reposer sur la fusée ; une fois ajustés de cette manière, les Rockets devraient être sans leur capuchon conique.

Caducée Fusées.

4. CADUCÉE [13] FUSÉES.

Si deux fusées sont fixées obliquement sur les côtés opposés d'une tige, elles formeront dans leur vol deux lignes en spirale ; ils doivent s'équilibrer exactement du côté opposé de la tige, sinon ils ne monteront pas dans une direction verticale. Les deux extrémités des Rockets doivent être serrées, sans tête ni rebond, car un poids qui y est attaché gênerait leur ascension. La tige propre à ces fusées doit être carrée et au sommet égale à la largeur d'une tige pour une seule fusée commune, du même poids que celles que vous avez l'intention d'utiliser, et suffisamment longue pour être en équilibre, lorsqu'elle est suspendue sur une longueur de la Fusée de la traverse A, <u>fig. 24</u>, dont la longueur doit être égale à environ sept diamètres de la fusée, et placé à environ six diamètres du haut de la grande tige ; de sorte qu'une fois fixés, ils formeront avec les perpendiculaires un angle d'environ 55 ou 60 degrés.

Les têtes des fusées doivent être placées sur les côtés opposés de la traverse, et leurs extrémités sur celles de la grande tige ; alors leurs bouches doivent être reliées par un chef qui, lorsqu'ils sont tirés, doit être brûlé par le milieu, et alors ils exerceront en même temps leurs forces ascendantes.

Fusées de signalisation.

5. FUSÉES DE SIGNALISATION.

Ceux-ci sont de deux sortes, à savoir ceux qui ont des rapports et ceux qui n'en ont pas. Les premiers types peuvent être rendus un peu plus longs que l'ordinaire, d'environ un ou deux diamètres, et sur leur charge il faut enfoncer une plus grande quantité d'argile que d'habitude ; ensuite, leur rebond, leur étouffement et leur capuchon peuvent être effectués de la manière décrite ci-dessus.

Lorsqu'ils sont du second genre, leurs étuis et leurs tiges doivent être très légers ; à d'autres égards, ils sont semblables à la fusée céleste commune lorsqu'ils sont dépourvus d'appendices.

Les premiers et les derniers types sont fréquemment tirés par groupes de six, huit, dix, etc. et considérés comme des signaux pour l'exposition de pièces de plus grande ampleur.

Lorsque plusieurs d'entre eux sont correctement fixés sur une seule tige et tirés ensemble, ils forment dans leur vol une très belle apparence, car étant ainsi connectés, leurs émissions s'uniront et formeront une queue d'une ampleur prodigieuse, et l'éclatement de tant de têtes immédiatement, produira une grande explosion, semblable (bien que moins productive de blessures) à l'éclatement d'un ballon dans l'atmosphère. Lorsque les fusées sont disposées de cette manière, un soin particulier doit être observé dans leur remplissage et leur pilonnage, ainsi que dans l'exacte uniformité de leur poids, sinon le succès est précaire. La tige doit également être de dimensions appropriées. La longueur des tiges (selon le tableau) pour les fusées de huit onces, qui est la meilleure taille à cet effet, est de six pieds six pouces ; puis si quatre ou six d'entre eux sont fixés sur une seule tige, la longueur de celle-ci doit être d'environ dix pieds ; dans sa circonférence supérieure, il faut faire autant de rainures qu'il y a de fusées, et de longueur correspondante. La tige doit être suffisamment grande en haut pour admettre les fusées serrées dans les rainures sans trop se serrer les unes les autres.

Les fusées doivent être fermement attachées à la tige, sinon elles seront susceptibles, par leur force ascendante, de s'en dégager ; mais pour éviter cela, la meilleure méthode pour les fixer est de laisser la tige passer à environ deux pouces au-dessus des fusées, ce qui sera suffisant pour former un épaulement ou une butée à chaque fusée, la rainure étant interrompue à une telle distance de l'extrémité ; quand cela sera fait, un peu de reliure autour du tout rendra le tout assez rapide. La partie supérieure de la tige peut être arrondie en forme de cône, ou ce qui sera bien mieux, un capuchon peut être collé sur le tout, ce qui (du fait de leur rencontre avec moins de résistance) les fera monter à une plus grande hauteur. hauteur. La Fusée étant bien fixée, on porte d'une bouche à l'autre une allumette rapide qui, brûlée au milieu, communiquera immédiatement à l'ensemble.

Lorsqu'ils sont tirés, ils doivent être suspendus à travers les anneaux, comme enseigné dans la première partie de cet article.

Table Fusées.

6. FUSÉES DE TABLE.

Il s'agit d'une simple application de Rockets aux rayons d'une roue ; auquel, une fois fixés, ils forment la selle. Leur effet (lorsqu'ils sont tirés) de la manière ordinaire est simplement celui de tourner autour d'un centre fixe, jusqu'à ce que leur composition soit consumée ; et par leurs révolutions représentant un cercle de feu vertical ou horizontal.

Les rayons doivent être solidement fixés dans un bloc de bois, de longueurs et à distance les uns des autres adaptés aux longueurs des étuis employés. Les caisses doivent être celles de douze ou seize onces ; et remplis de la composition donnée au n° 8 ou 9 : ils doivent être soigneusement enfoncés.

Lorsque les extrémités des fusées sont fixées aux rayons, qui doivent être échancrés proprement à les recevoir et dans le but de les rendre plus sûrs, alors sur le côté de chaque boîtier (à l'extérieur de la roue) percez un trou de commun dimensions proches de l'argile ; ces trous doivent être faits dans une direction oblique vers la charge, et dans et depuis chacun doit être porté un morceau d'attache rapide au centre de la roue, où ils doivent être attachés ensemble et allumés. Au centre de la roue peut être fixé un boîtier similaire ou plus grand ; qui, étant éclairé en même temps, ajoutera beaucoup à l'exposition.

Le centre de la roue est fréquemment fixé sur un bloc de bois et tiré sur une table, lorsqu'il forme une roue horizontale ; sinon elle tourne sur un axe fixé à un poteau, et dans ce cas une roue verticale est représentée ; le boîtier central peut être appliqué à l'un ou l'autre.

Parchemins pour Rockets.

7. PARCHEMINS POUR FUSÉES.

Ceux-ci forment un appendice agréable aux têtes des Rockets, qui sont d'une ampleur considérable.

Ils sont fabriqués dans des étuis d'environ quatre pouces de longueur et leur diamètre intérieur d'environ trois huitièmes de pouce ; les deux extrémités doivent être pincées bien près, l'une avant et l'autre après qu'elles soient remplies ; puis, au revers, faites un petit trou d'aération pour la composition, et amorcez-la avec de la poudre de farine, imbibée d'alcool de vin.

Les têtes des Rockets peuvent être en partie ou en totalité remplies de ces valises ; lorsqu'ils sont tirés, ils sortent rapidement de leur confinement et forment une belle descente en spirale.

La composition peut être celle des Serpents ou du feu brillant ; lorsque l'un ou l'autre est utilisé, il doit être préparé fort.

Courantines, ou Line Rockets.

8. COURANTINS, [14] OU FUSÉES DE LIGNE.

Parmi les différents modes d'exposition des Rockets, aucun n'est plus agréable que le présent.

Les fusées propres à cet usage sont celles qui pèsent environ la moitié ou les trois quarts de livres ; ils sont fabriqués à la manière des fusées célestes du genre commun. N'importe quel nombre, de un à huit ou dix, peut être utilisé ; mais on en trouvera cinq ou six pour répondre au best. Accordingnombre de cas utilisés, tant les Courantins sont dits de changements. Lorsqu'on n'en utilise qu'une, deux ou trois, on peut commodément les fixer à une petite cartouche vide (de la même longueur que les douilles) fabriquée sur un support à fil, un peu plus grand que la ligne sur laquelle elle doit fonctionner. , et d'une substance considérable; mais lorsqu'il faut en utiliser plus que ce nombre, ou qu'un changement plus grand doit être produit, il faut se procurer un petit cylindre perforé, de dimensions convenables à l'usage prévu ; ce cylindre doit être d'un bois léger, tel que du saule ou du saule ; les perforations doivent être réalisées exactement au centre dans le sens de la longueur. Dans la même direction, sur sa circonférence, il faudra faire autant de rainures qu'il y aura de fusées à employer ; dans lequel ils doivent être bien fixés en attachant le tout avec de la ficelle.

Le diamètre de ce cylindre doit être tel que, une fois posés dans la rainure, les boîtiers puissent presque se toucher.

Les roquettes étant toutes préparées (et leurs ouvertures, ou bouches, légèrement saupoudrées de poudre de farine et d'alcool de vin), elles doivent être déposées dans la rainure, et de telle manière que la tête ou la bouche de la seconde repose. à la même extrémité du cylindre que la queue du premier ; la tête du troisième est la même que la queue du second ; et ainsi de suite avec tous les autres ; ils doivent tous être étroitement liés avec de la ficelle.

Etant ainsi fixé au cylindre, vous devez depuis la queue de la première Fusée porter un leader jusqu'à l'embouchure de la seconde ; depuis la queue du second jusqu'à la bouche du troisième ; et ainsi avec le nombre entier, en prenant soin de sécuriser chaque chef ; et en même temps, que le match rapide n'entre que très peu dans le canon des Rockets, sinon il risquerait de tirer la charge ou la composition des Rockets, et ainsi de détruire tous vos arrangements.

Votre coureur étant maintenant prêt à l'action, une ligne doit être fixée dans une direction horizontale entre deux poteaux ou autres objets pratiques, dont la distance l'un de l'autre (pour les Rockets d'une demi-livre) doit être d'environ 100 mètres de long ; cette ligne doit être faite d'une ficelle solide, ou (ce qui répondra bien mieux) d'un petit fil de laiton ou de fer, tendu assez serré entre ses supports ; n'oubliez pas d'enfiler le tapis avant de fixer les deux extrémités. Ensuite (la bouche étant à l'extrémité de la ligne), tirez la première fusée qui, par sa force, emportera le tout jusqu'au bout de la ligne, ou presque, car il sera préférable d'avoir la ligne trop longue plutôt que trop courte. , car si c'est le cas, il restera bien sûr debout à son extrémité, jusqu'à ce que le reste de la charge soit consommé, ce qui n'a pas l'air bien. Mais si au contraire la ligne est un peu trop longue, il n'y aura pas d'arrêt de ce genre, pas même pendant la communication du feu au prochain Rocket, car la force acquise lors de son premier vol sera suffisante pour la continuer jusqu'à ce que cette communication soit terminée. effectué; après quoi il reviendra de la même manière à l'autre extrémité, et reviendra dans le même ordre, et ainsi de suite jusqu'à l'extrémité des charges disposées sur le cylindre.

C'est une exposition agréable de ce genre de feux d'artifice que de les disposer de telle manière qu'une fois arrivés à l'extrémité de la ligne, ils puissent communiquer le feu à quelque autre pièce convenablement disposée à l'extrémité de la ligne, qui dans cette espèce Le cas ne devrait pas être aussi long qu'avant, afin que le coureur puisse se reposer un moment avant de revenir, pour mieux assurer la communication.

Pour rendre les coureurs plus agréables, on les fait (en bois clair ou en étain) sous la forme de différents animaux, tels que *des Serpents* , *des Dragons* , *des Mercures* , *des Navires* , etc. Ainsi disposés, ils sont très amusants, surtout lorsqu'ils sont remplis de compositions diverses, telles que pluie d'or, feux de différentes couleurs, serpents, feux de port, etc.

On peut obliger les dragons à décharger des serpents de leur bouche, et deux d'entre eux disposés sur une ligne, de manière à se rencontrer au milieu, et là semblent se battre, jusqu'à ce que le second cas prenne feu, alors ils courent vers l'extrémité de la ligne, puis reviennent avec une grande violence et produisent beaucoup d'amusement à la fois pour l'opérateur et pour le spectateur.

De la même manière, deux navires peuvent être représentés en train de se battre, et (en les remplissant bien de serpents) être amenés à déverser leurs flancs l'un sur l'autre : ou, s'ils sont placés sur deux lignes séparées, à une petite distance l'un de l'autre. dans d'autres, ils peuvent être amenés à se croiser dans des directions opposées ; dans les deux cas, ils produiront une apparence très agréable.

Lorsqu'on fait se rencontrer les animaux représentés au milieu, la ligne doit être beaucoup plus longue, sinon ils se précipiteront avec une trop grande force.

Courantines tournantes.

9. COURANTINES TOURNANTES.

Ceux-ci, tandis qu'ils volent le long de la ligne dans une direction droite, sont, par une simple application d'une autre fusée, amenés à tourner ou à se retourner en même temps. Ce mouvement de rotation s'effectue facilement, en fixant aux boîtiers une autre fusée, qui doit être placée dans une direction transversale ; dont l'ouverture, au lieu d'être en bas, comme celles du cylindre, doit être faite sur le côté, près d'une des extrémités. Cette fusée transversale doit être remplie d'une charge très lente, sinon elle sera consommée bien avant que celles-ci ne soient sur le cylindre ; lorsque plusieurs changements de patins sont prévus, il convient d'en fixer deux dans le sens transversal ; leurs diamètres doivent être petits, proportionnellement à leurs longueurs.

On peut faire tourner les Courantines par d'autres moyens également simples et efficaces. Préparez et remplissez une caisse pareille à celles de Catherine Wheels, et enroulez-la et attachez-la joliment autour de la Courantine ; ceci, lorsqu'il est allumé avec le premier boîtier, le fera tourner d'une manière très agréable.

Lorsque les Courantines ne tournent pas, on peut leur faire porter sur la face supérieure un jet de feu, ou tout autre ornement que l'opérateur pourra imaginer ; en prenant soin de suspendre, au moyen d'un fil, un petit poids sur la face inférieure, qui le maintiendra toujours en position verticale.

Représenter par des Rockets diverses formes dans les airs.

10. REPRÉSENTER PAR DES FUSÉES DIVERSES FORMES DANS L'AIR.

À la grosse cartouche ou tête d'une fusée d'environ deux livres, placez-en autour de plusieurs petites cartouches d'environ deux ou trois onces, dont les tiges doivent être bien attachées à la tête et parallèles à la tige de la plus grande ; alors, si on les incendie pendant que la grande monte, elles représenteront d'une manière très agréable *un arbre* dont le tronc sera la grande fusée, et les plus petites les branches.

Si, au moyen de chefs, on fait en sorte que les petites fusées prennent feu lorsque la grande est à moitié brûlée dans l'air, elles représenteront la forme d'une comète ; et quand le grand commencera à descendre en position inversée, les petits représenteront des sortes de fontaines ardentes.

Si les barils de quelques petits tubes, ou plumes, remplis de la composition des Flying Rockets, sont placés sur un grand, ils représenteront, lorsque le feu leur sera communiqué, une belle pluie de feu.

Si un certain nombre de petits serpents sont attachés à la fusée avec un morceau de fil de paquet, par les extrémités qui ne prennent pas feu ; et si l'on laisse pendre le fil du paquet de deux ou trois pouces entre deux, cet arrangement, lorsqu'il est correctement réalisé, produira une variété de figures agréables et amusantes.

Faire en sorte qu'une fusée forme un arc en montant.

11. POUR FAIRE QU'UNE FUSÉE FORME UN ARC EN MONTÉE.

Découpez des cercles d'environ trois ou quatre pouces de diamètre dans de l'étain ou une autre assiette mince ; puis à la tige de chaque fusée, et à environ deux fois la longueur de l'étui à partir de son embouchure, fixez un de ces morceaux d'étain, presque à angle droit par rapport à la tige, et fixez-le bien par une console en dessous. Le feu agissant sur ce feu, à mesure qu'il sort de l'embouchure de la fusée, divisera la queue de telle manière qu'il la fera suivre une trajectoire circulaire et formera une apparence très agréable.

Tirer des roquettes sans bâtons.

12. POUR LIRE DES FUSÉES SANS TIGES.

Les fusées peuvent être faites s'élever dans les airs sans tiges, mais à la place desquelles, elles doivent être munies de quatre ailes triangulaires en carton, fixées en longueur sur l'extérieur de la cartouche, semblables à celles attachées aux flèches ou aux fléchettes. La longueur de ces ailes devrait être d'environ les trois quarts de la longueur de la fusée ; leur largeur en bas doit être la moitié de leur longueur et réduite à néant en haut. La fusée peut être placée sur un trou dans une planche et tirée par le dessous ; ou bien les quatre ailes peuvent reposer sur quatre broches en fer, de six ou huit pouces de longueur, enfoncées dans une planche à des distances convenables les unes des autres, et la fusée tirée entre elles.

Quoique le plus grand soin soit apporté à l'exposition des fusées de cette manière, leur ascension est cependant de beaucoup moins certaine que lorsqu'on se sert d'une tige ; le Tyro ne doit donc pas être déçu s'il échoue.

Théorie du vol des fusées.

THÉORIE DU VOL DES FUSÉES.

Une fusée, étant correctement construite, avec sa tige et autres appendices attachés, fixée en position verticale, et le feu étant appliqué à sa bouche, elle s'élèvera (comme l'expérience le prouve) dans les airs avec une vitesse prodigieuse : mais après enquête sur la A cause de cette ascension, nous rencontrons des difficultés peu envisagées lorsque nous contemplions le beau chemin qu'il décrivait au milieu de son vol.

Que cette ascension dépende du milieu (ou de l'air) dans lequel elle est générée ne fait aucun doute ; mais décrire comment et de quelle manière cela s'effectue a retenu l'attention de quelques-uns des philosophes les plus éminents. En conséquence, plusieurs théories ont été avancées pour expliquer les phénomènes, et parmi elles celles de Mariotte et de Desaguliers ont réclamé la plus particulière attention.

Mariotte attribue l'essor des Rockets à la résistance, ou réaction de l'air contre le gaz, générée par la combustion de la composition.

Cette hypothèse semble expliquer les phénomènes ; mais de grandes objections lui ont été opposées, à cause de la difficulté qu'il y a à le réduire aux recherches mathématiques : — cette difficulté vient de la loi que la force motrice doit nécessairement observer ; c'est-à-dire qu'elle diminuera à mesure que la vitesse augmente, en conséquence du vide partiel laissé derrière la fusée dans son vol ; de sorte que la vitesse devient comme à la fois une *donnée* et *un quæsitum* ; et la solution correcte du problème implique nécessairement l'intégration de différences partielles de l'ordre le plus élevé.

L'hypothèse de Desaguliers est quelque peu différente de la précédente ; il est beaucoup plus familier avec les investigations mathématiques ; car il réduit toute la théorie à la forme la plus simple ; et nous pensons que ce n'est pas loin d'être conforme aux principes connus des phénomènes ; malgré l'argument avancé contre lui par le Dr Rees et ses rédacteurs ; et que nous nous efforcerons de prouver en citant une autorité supérieure à la nôtre.

Le Dr Desaguliers illustre son hypothèse de la manière suivante : — Concevoir la fusée sans évent au niveau de l'étranglement, et devant être incendiée dans le canon conique ; la conséquence serait, soit que la fusée éclaterait à l'endroit le plus faible, soit que, si toutes les parties étaient également résistantes et capables de soutenir l'impulsion de la flamme, la fusée brûlerait sans bouger. Maintenant, comme la force de la flamme est égale, supposons que son action vers le bas ou vers le haut soit suffisante pour soulever quarante livres ; comme ces forces sont égales, mais leurs directions contraires, elles détruiront l'action de l'autre.

Imaginez alors que la fusée s'ouvre au moment de l'étouffement ; par ce moyen, l'action de la flamme vers le bas est supprimée, et il reste une force égale à quarante livres agissant vers le haut, pour soulever la fusée et le bâton ou la tige à laquelle elle est attachée.

En conséquence, nous constatons que si la composition de la fusée est très faible, afin de ne pas donner une impulsion supérieure au poids de la fusée et du bâton, elle ne s'élève pas du tout ; ou si la composition est lente, de sorte qu'une petite partie seulement s'allume d'abord, la Fusée ne s'élèvera pas.

A cela nous ajouterons la philosophie du regretté Docteur Hutton, sur l'ascension des Rockets ; qui dit qu'au moment où la poudre commence à s'enflammer, son expansion produit un torrent de fluide élastique qui agit dans toutes les directions ; c'est-à-dire contre l'air qui s'échappe de la cartouche et contre la partie supérieure de la Fusée ; mais la résistance de l'air est plus considérable que le poids de la fusée, à cause de l'extrême rapidité avec laquelle le fluide élastique sort par le col de la fusée pour se jeter vers le bas, et par conséquent la fusée monte par l'excès d'un des deux poids. ces forces sur les autres.

Cependant, cela ne serait pas le cas, à moins que le Rocket ne soit percé à une certaine profondeur. Une quantité suffisante de fluide élastique ne serait pas produite ; car la composition ne s'enflammerait qu'en couches circulaires, d'un diamètre égal à celui de la Fusée ; et l'expérience montre que cela n'est pas suffisant. On a alors recours à l'idée très ingénieuse de percer la fusée dans un trou conique, ce qui fait brûler la composition en couches coniques, qui ont une surface beaucoup plus grande, et produisent une quantité beaucoup plus grande de matière et de fluide enflammés. Cet expédient n'était certainement pas l'œuvre d'un moment.

Le bâton sert à le maintenir perpendiculaire ; car si la fusée commençait à tomber, se déplaçant autour d'un point dans l'étranglement, comme étant le centre de gravité commun de la fusée et du bâton, il y aurait tellement de friction contre l'air par le bâton, entre le centre et la pointe, et la pointe heurterait l'air avec une telle vitesse, que la réaction du milieu la rendrait à sa perpendiculaire. Lorsque la composition est brûlée et que l'impulsion vers le haut a cessé, le centre de gravité commun est ramené plus bas vers le milieu du bâton, ce qui signifie que la vitesse de la pointe du bâton est diminuée, et qu'au point du La fusée est augmentée ; pour que l'ensemble s'écroule, avec le Rocket en tête.

Pendant que la fusée brûle, le centre de gravité commun se déplace et descend, et encore plus vite et plus bas à mesure que le bâton est plus léger ; de sorte qu'il commence quelquefois à dégringoler avant d'être tout à fait brûlé : mais quand le bâton est trop lourd, le centre de gravité commun ne descendra pas si bas, mais celui de la Fusée s'élèvera droit, quoique moins vite.

D'après les expériences de M. Robins et d'autres messieurs, il a été constaté que les fusées de deux, trois ou quatre pouces de diamètre s'élèvent le plus haut ; et on les voit s'élever à toutes les hauteurs dans les airs, de 400 à 1,254 yards, ce qui représente environ trois quarts de mille. Pour plus de détails concernant la théorie du vol des fusées, nos lecteurs sont renvoyés à Robins's Tracts, vol. 2.—Transactions philosophiques, vol. 46, page 578 : et plus particulièrement au « Traité sur le mouvement des fusées » de M. W. Moor, dans lequel ils trouveront le sujet élégamment traité.

SECTION VII.

TABLEAUX DE COMPOSITIONS DIVERSES.

1. SERPENTS. — Poudre de farine, une livre, salpêtre, une once et trois quarts, charbon de bois, une once.

2. ROUES À BROCHES. — Farine de poudre douze onces, salpêtre trois onces, soufre une once et demie, limaille d'acier deux onces.

3. ÉTOILES COMMUNES. — Salpêtre une livre, soufre quatre onces et demie, antimoine quatre onces, ichtyocolle une demi-once, camphre une demi-once, alcool de vin trois quarts d'once.

4. ÉTOILES BLANCHES. — Poudre de farine quatre onces, salpêtre douze onces, soufre six onces et demie, huile d'épi deux onces, camphre cinq onces.

5. ÉTOILES BLEUES. — Poudre de farine huit onces, salpêtre quatre onces, soufre deux onces et demie, ichtyocolle deux onces, eau-de-vie de vin deux onces.

6. ÉTOILES À QUEUE. — Poudre de farine trois onces, salpêtre une once, soufre trois onces, charbon une once.

7. A CONDUIT DES ÉTOILES. — Salpêtre une livre, soufre huit onces, antimoine quatre onces.

8. ÉTOILES POINTUES. — Salpêtre huit onces et demie, soufre deux onces, antimoine une once et trois quarts.

9. ÉTOILES D'UNE BELLE COULEUR. — Poudre de farine une once, salpêtre une once, soufre une once, huile de térébenthine quatre drachmes, camphre quatre drachmes.

10. ÉTOILES PANACHÉES. — Poudre de farine huit drams, roch-petre quatre onces, vivum deux onces, camphre deux onces.

11. ÉTOILES BRILLANTES. — Poudre de farine trois quarts d'once, salpêtre trois onces et demie, soufre une once et demie, eau-de-vie une once et quart.

12. ÉTOILES À QUEUE. — Salpêtre quatre onces, soufre six onces, antimoine deux onces, colophane quatre onces.

13. IDEM AVEC SPARKS. — Farine de poudre une once, salpêtre une once, camphre deux onces.

14. GERBÈS.

1. Poudre de farine, une livre et demie, sable de fer grossier, cinq onces.

2. Poudre de farine deux livres, sable de fer grossier huit onces, salpêtre une livre.

15. BOUGIES ROMAINES. — Poudre de farine, une demi-livre, salpêtre, deux livres et demie, soufre, une demi-livre, poussière de verre, une demi-livre.

16. TOURBILLON.

Pour caisses de quatre onces. — Poudre de farine, une livre deux onces, charbon de bois, deux onces et quart.

Pour caisses de huit onces. — Poudre de farine deux livres, charbon de bois quatre onces trois quarts.

17. DOUCHES DE FEU.

Chinois. — Poudre de farine, une livre, soufre, deux onces, sable de fer, premier ordre, cinq onces.

Ancien. — Poudre de farine, une livre, charbon de bois, deux onces.

Brillant. — Poudre de farine, une livre, sable de fer de premier ordre, quatre onces.

18. PLUIE DORÉE.

1. Poudre de farine quatre onces, salpêtre une livre, soufre quatre onces, poussière de laiton une once, sciure de bois deux onces et quart, poussière de verre six drams.

2. Douze onces de poudre de farine, deux onces de salpêtre, quatre onces de charbon de bois.

3. Salpêtre huit onces, soufre deux onces, poussière de laiton un quart d'once, antimoine trois quarts d'once, sciure douze drams, poussière de verre une once.

19. PLUIE D'ARGENT.

1. Poudre de farine deux onces, salpêtre quatre onces, soufre deux onces, antimoine deux onces, sal-prunelle une demi-once.

2. Salpêtre une demi-once, soufre deux onces, charbon quatre onces.

3. Poudre de farine deux onces, salpêtre quatre onces, soufre une once, poussière d'acier trois quarts d'once.

20. FUSÉES À EAU.

1. Poudre de farine trois livres, salpêtre deux livres, soufre une livre et demie, charbon de bois deux livres et demie.

2. Une livre de salpêtre, quatre livres et demie de soufre, six livres de charbon de bois.

3. Une livre de salpêtre, quatre onces de soufre, douze onces de charbon de bois.

4. Farine de poudre quatre onces, salpêtre une livre, soufre huit onces et demie, charbon de bois deux onces.

21. CHARGE DE NAUFRAGE POUR IDEM.

Dix onces de poudre de farine, une once de charbon de bois.

22. SERPENTS D'EAU.

1. Poudre de farine, une livre, charbon de bois, une livre.

2. Poudre de farine, une livre, charbon de bois, neuf onces.

23. BALLONS D'EAU.

1. Farine de poudre deux livres, salpêtre quatre livres, soufre deux livres, antimoine quatre onces, sciure quatre onces, poussière de verre une once et quart.

2. Poudre de farine trois livres, salpêtre quatre livres et demie, soufre une livre et demie, antimoine quatre onces.

24. CARTERS DE ROUES.

1. Poudre de farine deux livres, salpêtre quatre onces, limaille d'acier six onces.

2. Poudre de farine deux livres, salpêtre douze onces, limaille d'acier trois onces.

3. Farine de poudre quatre livres, salpêtre une livre, soufre huit onces, charbon quatre onces et demie.

4. Farine de poudre huit onces, salpêtre quatre onces, sciure une once et demie, charbon une once.

5. Douze onces de poudre de farine, une demi-once de sciure, une once de charbon de bois.

6. Salpêtre une livre neuf onces, soufre quatre onces, charbon quatre onces et demie.

25. TIR LENT POUR LES ROUES.

1. Farine de poudre une once et demie, soufre deux onces, salpêtre quatre onces.

2. Antimoine une once six drams, soufre une once, salpêtre quatre onces.

26. UN FEU MORT POUR LES ROUES.

Salpêtre une once et demie, soufre un quart d'once, antimoine deux drams, lapis calaminaris un quart d'once.

27. POUR LES CAS PERMANENTS OU FIXES.

1. Poudre de farine deux livres, salpêtre une livre, soufre une demi-livre, charbon de bois une demi-livre.

2. Une livre de poudre de farine, une demi-livre de salpêtre et quatre onces de poussière d'acier.

3. Dix onces de poudre de farine, deux onces de charbon de bois.

4. Poudre de farine, une demi-livre, deux onces de soufre.

5. Farine de poudre, une livre et demie, sciure, trois quarts d'once, charbon de bois, deux onces et demie.

28. POUR LES ÉTUIS SOLAIRES.

1. Farine de poudre deux livres deux onces, salpêtre cinq onces, soufre une once, poussière d'acier douze onces.

2. Farine de poudre une livre et demie, salpêtre trois onces, poussière d'acier trois onces et trois quarts.

29. POUR ROUES EN SPIRALE.

Farine de poudre quatorze onces, salpêtre une livre et demie, soufre six onces, poussière de verre quatorze onces.

30. GLOBES.

Salpêtre six onces, soufre deux livres, camphre deux onces, antimoine quatre onces.

31. Serpents pour Pots des Brins .

Poudre de farine dix onces, salpêtre six onces, charbon de bois une once et demie.

32. Feux de différentes couleurs.

Feu blanc. — Poudre à canon en deux parties, limaille d'acier en une partie ; pour un blanc pâle, ajoutez un peu de camphre. Des râpes d'ivoire donnent une flamme d'une couleur argentée, quelque peu éblouissante pour les yeux.

Feu rouge. — Poudre à canon en deux parties, sable de fer du premier ordre en une partie. La poix grecque produit une flamme quelque peu rouge, mais plus inclinée vers une couleur bronze.

La poix noire commune produit une flamme sombre, comme une fumée épaisse, très essentielle pour produire un milieu d'obscurité intolérable.

Le soufre, mélangé en quantité modérée, fait apparaître la flamme d'une teinte bleue.

Le sel ammoniac et le vert-de-gris produisent une flamme inclinée vers le vert.

Des râpes d'ambre jaune donnent à la flamme une couleur citronnée.

Antimoine brut d'une sorte de couleur rousse.

33. Pour les Jets de Feu.

Lorsque le diamètre intérieur des boîtiers ne dépasse pas six lignes, les proportions doivent être les suivantes.

Feu chinois. — Poudre de farine, une livre, salpêtre, une livre, soufre, huit onces, charbon de bois, deux onces.

Feu blanc. — Sable de fer du premier ordre, huit onces, poudre de farine, huit onces, salpêtre, une livre, soufre, trois onces, charbon, trois onces.

Mais lorsque leur calibre est de huit à douze lignes, voici les proportions.

Feu blanc. — Poudre de farine, une livre, salpêtre, une livre, soufre, huit onces, charbon de bois, deux onces.

Feu chinois. — Salpêtre une livre quatre onces, soufre cinq onces, charbon de bois cinq onces, sable ferreux du troisième ordre douze onces.

Feu brillant. — Poudre de farine, une livre, sable de fer, cinq onces.

POUR LES JETS DE PLUS GRANDES DIMENSIONS.

Feu chinois. — Salpêtre une livre quatre onces, soufre sept onces, charbon de bois cinq onces et douze onces d'un composé des six différentes espèces de sable.

34. COMPOSITIONS PÉTILLANTES POUR LES CAS ÉTOUFFÉS.

Pour le Noir. — Poudre de farine et charbon de bois.

Pour le Blanc. — Salpêtre, soufre et charbon de bois.

Pour Grey. — Poudre de farine, salpêtre, soufre et charbon de bois.

Pour le Rouge. — Farine de poudre, charbon de bois et sciure de bois.

Ceux-ci peuvent être utilisés dans n'importe quelle proportion que le praticien jugera appropriée, car un peu d'expérience lui prouvera que diverses couleurs de feu peuvent être produites en variant seulement les proportions ou l'ordre des ingrédients, ou en les rendant alternativement prédominants. La même observation s'appliquera à bien d'autres cas de même nature.

SECTION VIII.

Feux d'artifice composés.

Les feux d'artifice composés sont ceux résultant de la combinaison d'un genre unique ou plus simple ; principalement ceux que nous avons déjà décrits. Le nombre et la variété des figures, ainsi que les modifications dont elles sont susceptibles, sont presque infinies, et les décrire toutes, ou la plus grande partie, dépasserait de loin les limites de notre MANUEL . Nous considérerons donc qu'il suffit de sélectionner des spécimens d'arrangement simple qui constitueront une bonne introduction à ceux qui sont plus complexes ; dans ce dernier cas, le jeune pyrotechniste doit être abandonné à sa propre ingéniosité, qui lui dictera facilement une plus grande variété qu'il ne nous serait possible de décrire.

Coffres girandoles de Serpents.

1. GIRANDOLE [15] COFFRES DE SERPENTS.

La première combinaison qui s'imposerait naturellement à celui qui n'est pas informé est celle d'un certain nombre de Serpents disposés de manière à prendre feu tous en même temps, et à la fin à éclater et à faire un grand bruit.

Cette combinaison est un nid de Serpents ; l'étui ou la boîte qui les contient doit être en carton fort, de dimensions égales au numéro à insérer. La pièce qui forme le sommet doit être perforée en autant d'endroits, répondant au nombre de Serpents destinés à être tirés ; ils n'ont pas besoin d'être loin les uns des autres. Au fond de la boîte, il faudra mettre un peu de farine pour y poser la bouche des Serpents, laquelle sera frottée avec un peu de farine humide, afin qu'elles prennent feu immédiatement. Pour communiquer le feu à la poudre du fond de la boîte, il faut remplir un des étuis Serpent d'une composition lente, laissé ouvert par le haut, et inséré vers le milieu de la boîte : cet étui étant allumé, il brûlera pendant peu de temps, ou jusqu'à ce qu'il atteigne le fond, lorsqu'un bruit soudain se fera entendre, et tous les serpents seront projetés dans diverses directions dans les airs.

Cette façon de tirer des Serpents, quoique puérile dans sa conception et simple dans sa production, procure généralement beaucoup d'amusement aux spectateurs, qui vient principalement de la variété des directions données aux Serpents ; ce dernier résultat est une conséquence de leur placement quelque peu négligent dans la boîte et being trajectedsous des angles différents par rapport au même plan.

Coffres Girandole de Rockets.

2. Coffres Girandole de Fusées.

Ces coffres doivent être constitués de planches minces, de dimensions proportionnelles au nombre de fusées. Les Rockets les mieux adaptés sont ceux de deux à six onces. La profondeur de la boîte doit être légèrement supérieure à la longueur des Rockets avec leurs bâtons. Le dessus (étant perforé convenablement pour recevoir les bâtons) doit être fixé à angle droit dans la poitrine, et aussi loin du haut de celui-ci que la longueur des étuis Rocket, y compris le capuchon, s'il en est utilisé. La distance entre chaque fusée doit être telle qu'elles puissent se tenir debout sans se toucher. D'un trou à l'autre, il faut pratiquer une rainure suffisamment profonde pour recevoir un morceau de raccord rapide, qui doit être posé de trou en trou de la même manière. Au-dessous du haut, aux deux tiers environ de la longueur des tiges, doit être fixé le fond, perforé de la même manière, sauf dans la dimension des trous, qui seront un peu moindres à cause des dimensions des tiges. L'allumette étant posée comme ci-dessus, prenez quelques fusées célestes, et après avoir mis un morceau de la même allumette dans la cavité de chacune, laissée s'étendant un peu au-dessous de l'embouchure de la fusée, laquelle doit être frottée un peu avec de la poudre de farine. , mouillé avec un peu de liquide, avant de le donner. Les fusées et le coffre étant ainsi prêts, passez la tige à travers les trous en haut et en bas du coffre, de telle manière que leurs bouches puissent juste reposer sur l'allumette rapide dans les rainures, par laquelle toutes les fusées seront tirées. le même temps; car en allumant n'importe quelle partie de l'allumette, il communiquera à l'ensemble d'elles en un instant. Pour faciliter le placement de la tige dans les trous inférieurs, une petite porte doit être réalisée sur un côté du coffre, sans cela, il sera difficile de placer les tiges à leur place.

Avant l'exposition de ces vols de fusées, ils doivent être recouverts ou placés dans un endroit sûr, sinon ils risquent d'être incendiés par les étincelles provenant d'autres œuvres.

Pots des Brins.

3. Pots des Brins .

Ce sont de grands cylindres de papier remplis de poudre, d'étoiles, d'étincelles, etc. Ils sont généralement faits de carton-pâte et mesurent environ quatre diamètres ; ils devraient être étouffés à une extrémité comme dans les cas courants. Ils sont généralement exposés en nombre, fixés sur une planche quelconque, de la manière suivante : sur la face inférieure de votre planche, faites autant de rainures que vous comptez avoir des rangées de pots, puis à peu de distance les unes des autres, et exactement sur les rainures, fixez autant de piquets, environ aux trois quarts ou d'un diamètre de haut ; puis, au centre de chaque piquet, percez un trou jusqu'à la rainure du fond, et sur chaque piquet, fixez et collez un pot dont l'embouchure doit être bien ajustée sur le piquet ; puis, à travers tous les trous, passez une allumette rapide, dont une extrémité doit entrer dans le pot et l'autre dans la rainure, dans laquelle doit être placée une allumette d'un bout à l'autre et recouverte de papier, de sorte que lorsqu'elle est allumée à une extrémité, il peut décharger le tout presque instantanément. Dans chaque pot, mettez environ une once de farine et de poudre de maïs ; puis dans certains, mettez des étoiles, et dans d'autres de la pluie, des serpents, des serpents, des craquelins, des étincelles, etc. Lorsqu'ils sont chargés, sécurisez leur bouche en mettant du papier sur chacun.

Lorsqu'ils sont tirés en grand nombre, ces Pots des Brins , parce qu'ils offrent une si grande variété de feux, produisent une exposition des plus agréables.

J e t s   d e   f e u .

4. JETS DE FEU.

Ce sont des sortes de fusées fixes, dont l'effet est de lancer dans l'air des jets de feu, semblables à certains égards à ceux produits par l'eau. Si un certain nombre de ces fusées sont placées horizontalement sur la même ligne, il est facile de voir que le feu qu'elles émettent ressemblera presque à une nappe d'eau, se disposant en forme de cascade. Lorsque les fusées sont disposées selon une forme circulaire, comme les rayons et la périphérie d'un cercle, elles forment ce qu'on appelle un *Soleil fixe* .

Pour se procurer ces jets de feu, la cartouche pour les feux brillants doit avoir en épaisseur égale au quart du diamètre, et pour les feux chinois seulement au sixième de celui-ci.

La cartouche doit être chargée sur une tétine ayant une pointe égale en longueur au même diamètre, et en épaisseur égale au quart de celui-ci ; mais, sous l'effet du feu, la bouche devient généralement plus grande qu'il n'est nécessaire ; mais cela peut être évité en chargeant la cartouche à la manière des Chinois, qui la remplissent d'argile jusqu'à une hauteur égale au quart du diamètre ; il faut l'abattre comme s'il s'agissait de poudre à canon.

Lorsque la charge est terminée avec la composition que vous avez choisie, la cartouche doit être fermée avec une tomion de bois, au-dessus de laquelle elle doit être étouffée.

Le train ou la correspondance doit être de la même composition que celui employé pour le chargement ; sinon la dilatation de l'air, contenu dans le trou pratiqué par le perceur, ferait éclater le Jet.

Les Clayed Rockets peuvent être percés de deux trous près du cou, afin d'avoir trois Jets sur le même plan.

Si on y ajoute une sorte de sommet percé de nombreux trous, elles imiteront presque une fontaine bouillonnante.

Les jets destinés à représenter des nappes de feu ne doivent pas être étouffés. Ils doivent être placés en position horizontale, ou légèrement inclinés vers le haut ou vers le bas.

Si au sommet de la cartouche est attaché un capuchon cylindrique en étain, se terminant par une bouche plate, longue et étroite (semblable à celles attachées aux pots d'arrosage de jardin), le jet de feu sera très étendu, et la beauté de la l'exposition a augmenté. La composition de cet article est donnée dans le tableau, section 7.

Fontaine chinoise.

5. FONTAINE CHINOISE.

Fournissez un morceau de bois sec, d'environ six ou sept pieds de long, et d'environ deux pouces et demi carrés ; à la distance de seize pouces du haut de cette pièce (en supposant qu'elle soit longue de sept pieds et fixée perpendiculairement), doit être fixée une étagère de seize pouces de longueur, de largeur d'environ deux pouces et demi et d'épaisseur. environ les trois quarts. Au-dessous de cette étagère doivent être fixées trois ou quatre autres étagères de même largeur et épaisseur, mais de longueur augmentant successivement de huit pouces à mesure qu'elles vont vers le bas. Ils doivent être fixés à la même distance les uns des autres que le premier en partant du haut.

Maintenant, au sommet du poteau, insérez (dans un trou de dimensions appropriées) une gerbe ou pompe à incendie ; sur la première étagère, insérez de la même manière deux gerbes, sur la deuxième trois, sur la troisième quatre, sur la quatrième cinq et sur l'étagère du bas six : — Elles doivent être placées de telle sorte que la suivante au-dessus se trouve exactement au-dessus du milieu. des intervalles de ceux ci-dessous. Les gerbes doivent être placées de manière à ce que leur bouche soit légèrement inclinée vers l'avant ; si cela n'est pas fait, les étoiles jetées hors des vitrines frapperont contre l'étagère du dessus et ne produiront que peu de cet effet qui, lorsqu'elles sont correctement disposées, les rend si belles.

Une bonne connexion doit être établie avec vos dirigeants, entre les différents cas ; en commençant par le haut et en descendant jusqu'à chacun d'eux. Celui du haut doit être allumé en premier.

La Pyramide, ou Fontaine complète, est représentée par <u>la fig. 25</u>.

Pyramide de pots de fleurs.

6. PYRAMIDE DE POTS DE FLEURS.

Dans sa construction générale, cet article est exactement similaire à celui qui vient d'être décrit ; mais au lieu de gerbes ou pompes à incendie, il est chargé de mortiers, remplis de serpents, de craquelins, etc. et ayant au centre de chacun une caisse remplie de coups de feu. Les mortiers doivent être faits de carton-pâte, enroulés deux ou trois fois autour d'un cylindre d'environ quatre pouces de diamètre, et bien fixés par de la colle, ce qui permet d'y fixer le fond et le dessus.

Le feu de l'éperon, qui est l'ornement principal de ces pièces, est préparé comme suit : — On a dit que l'excellence ne peut jamais être obtenue sans surmonter des difficultés proportionnées ; cela se vérifie certainement dans la préparation de cette composition ; car rien ne peut dépasser la difficulté et la peine de le préparer, et rien ne peut dépasser la beauté de son apparence *lorsqu'il est correctement préparé* . On dit que c'est une invention des Chinois, et c'est certainement la plus belle et la plus curieuse de toutes celles connues jusqu'à présent.

Le principal soin dans la préparation est d'avoir des ingrédients de la meilleure qualité ; à côté se trouve le puits qui les broie et les mélange.

La proportion des ingrédients est de quatre livres et demie de salpêtre, de deux livres de soufre et d'une livre de huit onces de noir de fumée. Une grande difficulté réside dans le mélange de ces ingrédients ; il est préférable de tamiser d'abord le salpêtre et le soufre ensemble, puis de les mettre dans un mortier de marbre, et le noir de fumée avec eux, qu'il faut réduire progressivement avec un pilon en bois, jusqu'à ce que tous les ingrédients apparaissent d'un seul. couleur, qui sera un peu grisâtre, mais plus inclinée vers le noir ; quand cela est fait, conduisez-en un peu dans une affaire pour le procès et tirez-le dans un endroit sombre ; si des étincelles sortent sous forme d' *étoiles* ou *de roses* , et en amas, se répandant bien sans aucune autre étincelle, cela peut être considéré comme bon : si cela paraît crasseux, et les étoiles pas pleines, ce n'est pas assez mélangé ; mais si les roses sont très petites et se cassent bientôt, c'est le signe d'un excès de frottement ; si l'excès est grand, il sera trop violent et ne montrera presque aucune étoile : au contraire, si le frottement ou le mélange est défectueux, il sera trop faible et ne produira qu'une fumée obscure ou noire.

Cette composition est généralement emballée dans des caisses d'une ou deux onces, d'environ cinq ou six pouces de long ; il faut faire attention à ne pas l'enfoncer trop fort. L'ouverture au niveau de l'étranglement ne doit pas être aussi large que celle généralement donnée aux autres cas d'étranglement.

Il est assez remarquable que la composition soit améliorée en étant conservée dans les étuis ; mais on constate qu'ils jouent toujours mieux, si on les laisse rester debout un certain temps après avoir été remplis.

Lors de la préparation de la Pyramide des Pots de Fleurs, les caisses de tir d'éperon doivent être placées au milieu des mortiers et reliées par des chefs, afin qu'elles puissent toutes être tirées ensemble. Les affaires se dérouleront d'abord d'une très jolie manière ; et lorsqu'ils sont épuisés, leur feu se communique à la poudre au fond des mortiers, et celle-ci prenant feu tout à coup, tous explosent simultanément et dispersent dans l'air leurs fragments lumineux ; les serpents sifflent, les pétards rebondissent et les étoiles illuminées volent dans toutes les directions, produisant un amusement et une surprise considérables et formant une excellente conclusion à une petite exposition.

Cette belle composition est encore susceptible d'autres représentations, dont plusieurs peuvent sans le moindre danger être exposées dans une salle aussi bien qu'en plein air ; il est en réalité d'une nature si innocente, qu'on peut l' appeler (bien qu'improprement) un *feu froid* ; car on constate que lorsqu'elles sont bien faites, les étincelles ne brûlent pas un mouchoir lorsqu'on les tient au milieu d'elles ; ils peuvent être tenus en main en toute sécurité ; si les étincelles tombent à peu de distance sur la main, on les sent comme des gouttes de pluie.

Une jolie exposition peut être réalisée en plaçant un certain nombre de feux d'éperon autour d'une pyramide de papier transparente et en les tirant dans une pièce ou en plein air. Dans tous les cas et dans toutes les espèces d'exposition, ce feu est très beau et récompensera toujours le travail de préparation.

Roues.

7. ROUES.

Une grande variété de formes peuvent être données à ce genre de feux d'artifice. On les appelle ainsi parce qu'ils sont généralement réalisés en forme de roues, avec un nef et des rayons rayonnants à partir du centre ; aux extrémités de ces dernières sont ajustées des douilles chargées, du genre fusée, sans têtes ; de telle manière que la queue de l'un soit reliée à la tête de l'autre, de sorte qu'ils prendront feu successivement et entretiendront une révolution continue de l'appareil auquel ils sont fixés.

Ces roues sont soit verticales, soit horizontales, simples ou doubles. Un seul, vertical ou horizontal, peut être réalisé de la manière décrite à l'Art. 6, fusées.

Une seule horizontale.

8. UNE SEULE HORIZONTALE

Peut être rendu plus agréable par la disposition suivante de la fusée. Prévoir une roue, avec nef, axe et rayons comme auparavant ; et pour les chutes, un large cerceau de tonnelier de dimensions appropriées, cloué au bout des rayons, conviendra très bien. La roue étant ainsi préparée, les étuis doivent y être solidement attachés, au moyen de fils de paquetage solides, de boucles passant par la circonférence ; et de telle manière que leurs têtes et leurs queues, à mesure qu'elles se succèdent, peuvent alternativement s'incliner en haut et en bas, et de même, une fois fixées, se rapprocher très près.

Ceci étant fait, vous devez, depuis la queue d'une caisse jusqu'à l'embouchure de la suivante, porter un guide, et bien le fixer en collant du papier autour des deux jonctions : — dans ce papier collé, il faut mettre un peu de poudre de farine, qui servira à souffler le papier et ne laissera aucune obstruction au feu des caisses. A l'axe sur lequel tourne la roue, fixez un boîtier du même genre que ceux de la roue ; qui doit être tiré par un leader depuis la bouche du dernier boîtier sur la roue, lequel boîtier doit jouer vers le bas. La roue sera beaucoup améliorée si, au lieu d'un étui commun au milieu, vous fixez un étui à feu chinois, d'une longueur suffisante pour brûler jusqu'à trois étuis sur la roue. Dans tous les cas (sauf le premier), sur chaque roue, il faut faire rouler une ou deux louches de feu lent, dans n'importe quelle partie du boîtier : à la fin d'un ou deux cas alternatifs, vous pouvez également enfoncer un une louche pleine de composition à feu mort, qu'il faut pilonner très légèrement ; de nombreux autres changements d'apparence peuvent être produits en pilonnant alternativement des compositions d'ordres différents.

Les roues horizontales sont fréquemment tirées deux ou trois à la fois ; et étant préparés de la même manière, ils garderont le temps les uns avec les autres : lorsqu'ils sont ainsi disposés, le feu lent ou mort est omis. Ces roues peuvent avoir un diamètre de dix à vingt pouces.

Une roue horizontale, avec les carters fixes, est représentée à <u>la fig. 26</u> .

Roues plurielles.

9. PLUSIEURS ROUES.

Ainsi appelé parce qu'il y en a plusieurs fixés sur le même axe ; ils sont généralement horizontaux, et au nombre de trois. Le diamètre de la roue du milieu peut être un peu inférieur à celui des deux autres.

Les étuis doivent être fixés aux extrémités des rayons dans des encoches taillées à cet effet, ou bien il peut y avoir des demi-cylindres d'étain cloués aux extrémités des rayons, et les étuis y sont attachés. Les boîtiers inférieurs doivent jouer obliquement vers le haut ; le milieu placé horizontalement ; et les majuscules obliquement vers le bas. Les amorces doivent être disposées de manière à ce que les caisses puissent brûler d'abord vers le haut, puis vers le bas, puis horizontalement, à travers l'ensemble des décors. En enfonçant à la fin de la dernière caisse deux ou trois louches pleines de feu lent, on la fera brûler jusqu'à ce que la roue ait arrêté sa course ; et si les autres boîtiers sont fixés de manière contraire, la roue tournera alors dans un sens contraire et aura une apparence agréable. Pour le cas en haut de l'axe, une gerbe peut être bien employée ; le boîtier sur les rayons doit être rempli d'une forte charge brillante.

R o u e s   e n   s p i r a l e .

10. ROUES EN SPIRALE.

Ceux-ci, dans leur construction principale, diffèrent peu des précédents : voici les principales différences. La nef devrait avoir environ sept pouces de long ; au lieu d'une broche en haut, faites un trou pour y fixer le boîtier ; dans la nef doivent être fixés deux jeux de rayons vers le haut et vers le bas ; les rayons ne doivent pas mesurer plus de trois pouces de long environ ; les caisses doivent être placées de telle manière que celles du haut jouent vers le bas, et celles du bas jouent vers le haut, mais la troisième ou la quatrième caisse doit jouer horizontalement. Le cas du milieu peut commencer par n'importe lequel des autres ; six rayons suffiront pour chaque ensemble, grâce auquel la roue pourra contenir douze étuis, en plus de celui du haut : les étuis doivent avoir environ sept pouces de longueur.

R o u e s   s p i r a l e s   é c l a i r é e s .

11. ROUES EN SPIRALE ÉCLAIRÉES.

Fournir une roue horizontale avec des taquets circulaires complets, qui doivent avoir un diamètre d'environ deux pieds six pouces ; sur sa circonférence, et à égales distances les unes des autres, fixez trois morceaux de lumière d'environ quatre pieds de long, et reliez-les en haut à un bloc cylindrique d'environ trois pouces de diamètre ; ce bloc doit être perpendiculaire à celui de la roue du dessous. La roue étant ainsi avancée, ayez une fine latte ou un cerceau flexible, et après avoir cloué une extrémité au bas de l'une des pièces verticales, procédez à l'enrouler autour des trois montants en une ligne en spirale depuis la roue jusqu'au bloc supérieur. auquel l'autre extrémité doit être fixée ; au sommet du bloc, fixez un cas de feu chinois ; sur la roue, vous pouvez placer n'importe quel nombre de caisses, qui doivent être inclinées vers le bas, et en brûler deux à la fois. Si la roue comporte dix cases, les illuminations et le feu chinois peuvent commencer par la seconde case.

L'axe de cette roue doit passer par la nef inférieure et dans le bloc du haut.

Cette roue peut être facilement transformée en une roue à double spirale, en enroulant autour d'elle une autre latte dans une direction opposée et en l'habillant de la même manière. Au sommet de l'un ou l'autre peut être placé un étui à feu d'éperon, ou une lumière orange, ou tout autre article que le pyrotechnicien jugera approprié.

Roues de ballon.

12. ROUES DE BALLON.

Ce sont des roues horizontales, généralement constituées d'une planche d'orme solide d'un pouce, d'un diamètre d'environ deux pieds six pouces. Sur le dessus, disposez et fixez des pots de trois pouces de diamètre et d'environ six pouces de haut, en nombre égal au nombre de cases sur la roue : près du fond de chaque pot, faites un petit évent, dans chacun duquel portez un leader de la queue. de chaque cas ; les pots peuvent être chargés d'étoiles, de craquelins, de serpents, etc. À mesure que les roues tourneront, les pots seront allumés successivement, et on fera jeter dans l'air une grande variété de feux, qui, prenant des directions nombreuses et diverses, présenteront une exposition agréable.

Roues au sol.

13. ROUES AU SOL.

Ce sont des dispositifs très simples. Prévoir deux roues légères, d'un diamètre de deux à trois ou quatre pieds : elles doivent être fixées solidement à un essieu carré, ou de telle manière qu'elles ne puissent tourner dessus ; l'essieu peut mesurer environ trois pieds de longueur. Puis, au milieu de cet essieu, on fixera solidement une roue à feu, qui devra avoir un diamètre tellement moindre, que lorsque les caisses y seront attachées, elle puisse être tout à fait dégagée du sol ; il faut avoir soin que cette roue médiane soit fixée à angle droit par rapport à l'essieu, sinon elle ne tiendra pas dans une direction droite lorsqu'elle sera mise en mouvement. Or, le premier cas étant tiré, il est évident que le mouvement sera donné à la roue à feu, qui étant solidement fixée à l'essieu des autres, la conséquence qui suit est que le mouvement absolu sera donné à l'ensemble. appareil; qui, s'il est placé sur un terrain plat, se poursuivra sur une distance proportionnelle au nombre et à la force des caisses employées.

En attachant un deuxième ensemble de caisses, disposées de manière à prendre feu lorsque le premier ensemble est consumé, la roue (roulant sur un sol plat) retournera au même endroit d'où elle a reçu sa première impulsion.

Ce genre de roues, construites avec soin, offre une récréation très agréable. On voit facilement que beaucoup d'autres pièces ornementales de moindre grandeur peuvent être attachées au même essieu : un terrain d'école bien plat est favorable à l'exposition de cet article.

L'horizontale a été remplacée par une roue verticale.

14. L'HORIZONTALE A ÉTÉ REMPLACÉE PAR UNE ROUE VERTICALE.

La roue pour cela devrait avoir un diamètre d'environ trois pieds six pouces. Sur sa circonférence, fixez seize caisses d'une demi-livre remplies de charges brillantes, dont deux doivent brûler à la fois. À chaque extrémité de la nef, il doit y avoir un tube ou un tonneau d'étain ou de laiton, d'un diamètre un peu inférieur à celui de la nef, et d'une hauteur d'environ six pouces ; c'est la construction de la roue. Le support auquel il doit être fixé est le suivant : placez un poteau de n'importe quelle espèce de bois, d'environ quatre pouces carrés, fermement enfoncé dans le sol, dressé à environ cinq pieds ; puis, à partir du haut, sciez environ deux pieds, laquelle pièce doit être réunie à nouveau à l'endroit où elle a été coupée, avec une solide charnière d'un côté, de manière qu'elle puisse se soulever de haut en bas devant le support ; sur le dessus de la partie inférieure, du côté sur lequel tombe la partie mobile, fixez une console très solide dépassant d'environ un pied du poteau ; et à l'extrémité duquel est formé un tenon, correspondant à une mortaise pratiquée dans la partie mobile, afin que lorsqu'elle tombe, elle y soit solidement fixée ; il faut y prêter attention, sinon la force avec laquelle la roue tourne lorsqu'elle est verticale sera susceptible d'arracher la charnière. Du côté du poteau court opposé à la charnière, clouez un morceau de bois, s'étendant d'environ dix-huit pouces vers le bas de la partie inférieure du poteau, auquel il devra être attaché avec un morceau de ficelle seulement, qui suffira à maintenir le poteau court. partie perpendiculaire ; au sommet de ce dernier, fixez un fuseau de dix ou douze pouces de long ; sur cet axe mettez la roue ; puis fixez-vous sur un soleil brillant avec une seule gloire, dont le diamètre doit être environ six pouces inférieur à celui de la roue. La roue étant prête à tirer, allumez d'abord la partie de la roue, et laissez-la tourner horizontalement jusqu'à ce que quatre caisses soient consommées, puis du bout de la quatrième caisse portez un chef de file dans le tonneau de fer blanc qui retourne au bout du support ; ce chef doit être accueilli par un autre amené par le haut du poste, à partir d'un étui rempli d'une forte charge de port-fire, et attaché au poteau inférieur, la bouche dirigée vers la corde qui soutient la partie supérieure du poste. , de sorte que lorsque cet étui sera allumé, il brûlera la corde et laissera tomber la roue vers le bas, ce qui signifie qu'elle deviendra verticale ; puis, du dernier boîtier de la roue, portez un guide dans le tonneau à côté du soleil, qui montrera ses beautés dès que la roue aura cessé.

Le changement soudain de cette pièce la rend très surprenante et agréable aux observateurs, et lui donne droit à une grande attention.

Molette de défilement verticale.

15. MOLETTE DE DÉFILEMENT VERTICALE.

Une telle roue peut être réalisée avec n'importe quel diamètre. La nef peut être de grandeur modérée, et on y fixera quatre rayons perpendiculaires les uns aux autres, et unis à la chute ou circonférence ; autour de ce dernier, vous fixerez un nombre quelconque de hublots : sur le devant des rayons formez, avec quelque fil de fer fort, une volute ou volute, de dimensions proportionnées à la roue, commençant par le centre ; sur ce rouleau, attachez des étuis à feu brillant, qui ne doivent pas être trop grands, et placés tête-bêche, comme dans d'autres dispositions similaires. Il faut tirer en premier sur la douille la plus proche de la circonférence, celle qui, étant la plus éloignée du centre, a le plus de puissance pour mettre la roue en mouvement. Les feux de port peuvent être avant, en même temps ou après le parchemin.

Cette roue peut être transformée en une roue beaucoup plus ornée et complexe. Une double volute pourrait être formée sur les rayons, ainsi qu'un double jeu de feux de port sur la circonférence ; un pot quelconque au centre se suggérerait facilement.

Remarques sur les roues.

REMARQUES SUR LES ROUES.

Dans tous les articles du genre roue, le Tyro doit veiller à augmenter la résistance de sa composition pour valises, à mesure que ses roues augmentent en diamètre ; car une fusée adaptée à une roue de vingt-quatre pouces ne conviendra pas à une fusée beaucoup plus grande.

La règle suivante à ce sujet peut servir dans bien des cas : divisez le diamètre de vos roues, pris en pouces, en trois parties, et elle donnera la longueur de vos valises, et généralement à une unité près, le nombre qu'il faudra pour aller autour de lui. Supposons donc que votre roue ait un diamètre de vingt-quatre pouces, divisez par 3 ; $24/3$ est égal à 8, ce qui correspond à peu près à la longueur de vos caisses : et 7 : 22 : 24 : 528 qui divise $528/7 = 75,3$ et $75/8 = 10$ est égal à 10, le nombre de caisses de huit pouces. il faudra pour faire le tour de la circonférence.

Ceci n'est pas donné comme une règle particulière, mais comme une règle générale ; ou celui qui aidera un peu à l'arrangement de ces articles.

Pour représenter le Sapin.

16. Pour représenter le sapin.

Prévoir un poteau de six ou sept pieds de long et trois pouces carrés ; puis de l'autre côté, à neuf pouces du haut, fixez quatre chevilles courtes pour s'adapter à l'intérieur des caisses ; neuf pouces de ces piquets similaires; neuf pouces plus bas, fixez-en d'autres semblables au dernier ; et à partir de ceux-ci, à la même distance, fixez d'autres piquets ; tous ces quatre ensembles doivent être inclinés vers le haut ; au-dessous d'eux, à la même distance, il faut fixer un autre ensemble incliné vers le bas, les angles d'inclinaison de tous pouvant être d'environ quarante-cinq degrés du poteau vertical. Au sommet du poteau, placez un mortier de quatre pouces chargé d'étoiles, de pluies, de craquelins, etc. Au milieu de ce mortier, placez un étui à charge quelconque tiré avec les autres, qui doit être rempli d'une charge brillante. L'arbre peut être fait de n'importe quelle taille et d'autres ornements peuvent être utilisés, selon les préférences de l'opérateur.

If arbre du feu brillant.

17. If arbre du feu brillant.

Fournissez un morceau de bois d'environ quatre pieds de long, deux pouces de large et un d'épaisseur ; en haut, sur le côté plat, fixez un cerceau d'environ quatorze pouces de diamètre ; et autour de son bord et de sa façade, placez des illuminations, et au centre une étoile à cinq branches ; puis de chaque côté, à environ dix-huit pouces du bord du cerceau, placez deux caisses de feu brillant de douze pouces ; au-dessous desquels on place deux autres caisses de même dimension, et à une distance telle que leurs bouches puissent presque les rencontrer en haut ; puis, près des extrémités de ceux-ci, fixez deux autres boîtiers identiques, qui doivent être parallèles aux autres. Les boîtiers étant ainsi fixés, les leaders doivent être appliqués de telle manière que les illuminations et les étoiles du sommet puissent toutes prendre feu en même temps. La figure 27 représente l'agencement de l'article.

Correction des globes de feu.

18. Correction des globes de feu.

Ces articles se divisent en deux sortes, l'une à étuis projetés, l'autre à étuis cachés.

Pour un globe à boîtiers dissimulés, prévoir un globe sphérique de n'importe quel diamètre ; divisez la surface en quatorze parties égales, et à chaque division percez un trou perpendiculaire au centre ; dans tous les trous sauf un (qui doit être réservé au fuseau, sur lequel il doit être fixé) insérer un étui rempli de brillant ou de toute autre charge ; les bouches des étuis doivent être au même niveau que la surface du globe ; à l'embouchure des différentes caisses, il faut creuser une rainure et y placer un guide, dans le but de les tirer ensemble. Le globe doit être recouvert de papier et peint de la manière que le Tyro juge appropriée. Une fois sec, il doit être fixé sur le fuseau et il est prêt à être exposé.

Pour les cas projetés. — La préparation est à peu près la même ; la différence étant seulement de laisser chaque boîtier dépasser du globe environ la moitié ou les deux tiers de sa longueur ; leurs bouches doivent être reliées par des chefs, dans le même but qu'auparavant, et exposées de la même manière.

Globes qui sautent ou roulent sur le sol.

19. GLOBES QUI SAUTENT OU ROULENT SUR LE SOL.

Construisez à votre guise un globe creux en bois de toutes dimensions ; il doit être très rond, tant interne qu'externe ; son épaisseur doit être égale à environ la neuvième partie de son diamètre. Dans ce globe insérez un petit cylindre de bois, (A fig. 28.) de largeur égale environ au cinquième diamètre du globe, son épaisseur environ la moitié de celle de idem : de même grandeur et en face de ce cylindre doit être une autre ouverture. C'est par cette dernière ouverture que le feu est communiqué au globe, lorsqu'il a été rempli de la composition appropriée par l'extrémité inférieure de celui-ci ; et par lequel vous avez la commodité de remplir et de mettre, comme on le fait généralement, un pétard ou rapport de métal, rempli de poudre à bon grain sur l'intérieur de l'ouverture ; outre ce pétard, il faut en insérer quatre ou cinq autres de même nature, seulement ils ne doivent pas nécessairement être dans des étuis métalliques ; ils doivent être chargés de poudre à bon grain remplie jusqu'à leurs orifices. La composition pour remplir la cavité restante du globe est la suivante : une livre de poudre à canon écrasée, six livres de salpêtre, trois livres de soufre, deux livres de limaille de fer et une demi-livre de poix grecque. Cette composition ne nécessitera pas beaucoup de broyage ou de tamisage ; il suffira que les différents ingrédients soient bien incorporés. Il ne faut pas le préparer tout à fait sec, mais avec un peu d'un des liquides dont nous avons parlé plus haut.

Un globe préparé comme ci-dessus, en étant tiré au moyen d'une allumette fixée à l'orifice A, sautera et bondira en brûlant, ou selon l'explosion accidentelle des pétards enflammés par la composition.

Au lieu de placer ces pétards à l'intérieur, on peut les fixer à la surface extérieure du globe, qu'ils feront rouler et sauter en prenant feu successivement. Ils peuvent être disposés de n'importe quelle manière à la surface du globe, à condition qu'une connexion soit établie entre eux au moyen de leaders.

On peut faire de nombreuses différences dans la disposition et la forme de ces globes, et qui s'imposeront facilement au praticien ingénieux ; comme un agencement de fusées à l'intérieur, réunies tête et queue ; mais dans le cas où le globe serait en papier ou en carton, fait en deux hémisphères égaux et réunis par du papier, l'allumette devra être appliquée à travers un trou du globe pratiqué en face de l'embouchure de la première fusée ; ces fusées ne devraient pas avoir de pétards à leur sommet. Il faut remarquer ici que les globes doivent être perforés en diverses parties, sinon ils éclateraient par la combustion de la composition.

Lorsqu'ils sont utilisés comme globes d'eau, il faut avoir soin de sceller et de boucher l'ouverture inférieure I, K, d'abord avec un tompion ou un bouchon de bois, et ensuite avec un peu de poix fondue ; lequel dernier peut être placé partout sur le globe afin de le préserver de l'eau. Au-dessus du bouchon au fond, et avant l'application de la poix, il faut fondre une quantité de plomb telle qu'elle fera couler le globe dans l'eau, jusqu'à ce que rien d'autre que la partie A ne reste au-dessus de sa surface ; ce sera le cas lorsque le poids du globe et de son contenu, avec le plomb attaché, deviendra égal au poids d'un volume égal d'eau. Si le globe est ensuite placé dans l'eau, le plomb, par sa gravité supérieure, fera tendre l'ouverture I, K, directement vers le bas, et maintiendra dans une position perpendiculaire le cylindre A, auquel le feu aura été préalablement appliqué.

Des essais doivent être effectués concernant la quantité de plomb avant qu'elle ne soit exposée, ce qui peut être facilement réalisé. Les figures mentionnées représentent un globe sous divers modes d'agencement.

Lune et sept étoiles.

20. LUNE ET SEPT ÉTOILES.

Fournissez une planche circulaire d'environ cinq pieds de diamètre ; et au milieu, coupez un morceau d'environ quatorze pouces de diamètre ; puis, sur l'ouverture, mettez un morceau de soie persane blanche, sur laquelle peignez le visage d'une lune ; sur toute la grande planche, dessinez une étoile à sept branches se terminant par la circonférence ; puis sur les lignes formant l'étoile étaient percés un certain nombre de trous à faible distance les uns des autres, dans lesquels étaient fixées des étoiles pointues. Dans chacun des espaces entre les pointes de cette grande étoile, découpez une étoile à cinq branches et recouvrez chacune de soie huilée.

Quand cela doit être exposé, fixez-le sur un fuseau devant un poteau, avec une roue de feu brillant derrière la face ; de sorte que pendant que la roue brûle, la lune et les étoiles apparaîtront transparentes ; et quand la roue aura cessé de brûler, elles disparaîtront, et la grande étoile en avant, formée des étoiles pointues, commencera, étant éclairée par un tuyau de communication venant du dernier boîtier de la roue verticale derrière la lune, qui doit être effectué comme enseigné dans un article précédent.

Soleils fixes et mobiles.

21. SOLEILS FIXES ET MOBILES.

Parmi les divers articles pyrotechniques amusants, aucun n'est plus beau ni n'offre une plus grande rémunération de plaisir que ceux sous la dénomination de Soleils. Ils sont de plusieurs espèces : fixes, mobiles et transparents ; ils sont tous de construction simple.

Fixez les soleils de la manière suivante : Prévoyez une nef de bois, et fixez-y quatorze ou seize pièces en forme de rayons ; et à ces rayons attachent des jets de feu, l'embouchure des jets étant vers la circonférence. Une allumette doit être appliquée de telle manière que le feu communiqué au centre puisse être transmis en même temps à la bouche de chacun des jets ; par quoi chacun jetant son feu, l'apparence sera celle d'un soleil rayonnant ; la roue doit être fixée en position verticale.

Les jets peuvent être disposés de manière à se croiser de manière angulaire ; auquel cas, au lieu d'un soleil vous aurez une étoile, ou une sorte de croix ressemblant à celle de Malte. Certains de ces soleils sont faits aussi avec plusieurs rangées de jets ; lorsqu'elles sont ainsi disposées, elles sont appelées *gloires* .

La roue, ou soleil, peut être amenée à tourner en y attachant des jets dans la direction de la circonférence, leurs têtes et leurs queues étant ensemble. Lorsque la roue est lourde, quatre des fusées doivent être tirées ensemble, et cela de la manière suivante : en supposant qu'il y ait vingt cas employés, le feu doit être communiqué en même temps au premier, au sixième, au onzième et au seizième ; à partir duquel il passera au deuxième, au septième, au douzième, au dix-septième, et ainsi de suite. Ces quatre fusées feront tourner la roue avec rapidité.

Si deux soleils semblables, avec des axes horizontaux, sont placés l'un derrière l'autre et tournés dans des directions opposées, ils produiront un effet de feu croisé très agréable.

Trois ou quatre soleils disposés sur un axe similaire, pourraient être implantés dans un axe vertical, mobile au milieu d'une table ; qui gravitent autour d'elle semblent se poursuivre. Ils doivent être fixés fermement sur leur axe et cet axe doit tourner dans le vertical au milieu de la table ; et à l'endroit où ils reposent sur la table, ils devraient être munis d'un rouleau très mobile.

Pour un soleil transparent, il faut fournir une face préparée en papier huilé ou en soie persane, peinte d'une manière appropriée, et tendue fermement sur un cerceau, qui doit être soutenu par des morceaux de fil solide, à six ou sept pouces de la roue. , afin que sa lumière éclaire le visage. De la même manière, on peut représenter devant un soleil, les mots *Adieu*, *Vivat Rex*, ou *Apollon*, ou toute autre figure peut être peint sur la soie.

Quelquefois une petite roue hexagonale est fixée au nef de la grande roue, dont les étuis doivent être remplis de la même charge que l'autre ; dont deux doivent brûler à la fois, et commencer par les autres.

Pour un soleil de cinq pieds de diamètre, les boîtiers doivent être ceux de huit onces, remplis de composition d'environ dix pouces. Si les roues sont plus grandes, les valises doivent être proportionnelles à celles-ci.

Composition pour représenter des Animaux.

22. COMPOSITION POUR REPRÉSENTER LES ANIMAUX ET AUTRES DISPOSITIFS EN FEU.

Réduisez du soufre en poudre impalpable, et après en avoir fait une pâte avec de l'amidon, couvrez-en la figure que vous comptez représenter en feu ; la figurine doit d'abord être recouverte d'argile pour éviter qu'elle ne soit brûlée.

Lorsque la figure a été recouverte de cette pâte, saupoudrez-la un peu, encore humide, de poudre à canon pulvérisée ; et quand le tout sera parfaitement sec, disposez quelques petites allumettes sur les parties principales, afin que le feu lui soit promptement communiqué de tous côtés.

Par la même méthode, on peut former des festons, des guirlandes et autres ornements dont les fleurs peuvent être imitées par le feu de différentes couleurs et disposées sur n'importe quelle architecture en plâtre.

Feux d'artifice aquatiques.

FEUX D'ARTIFICE AQUATIQUES.

Bien que le feu et l'eau soient de natures très opposées, il existe cependant de nombreux feux d'artifice qui brûlent et produisent leur effet même lorsqu'ils sont immergés dans leur élément opposé ; de ces fusées sont les plus agréables. Ils peuvent être fabriqués entre quatre onces et deux livres. Les boîtiers sont réalisés comme ceux des fusées aériennes, ne différant que par leur épaisseur, qui doit être un peu plus grande, et par le mode de remplissage, qui est le plus particulier, nécessitant une variété de compositions enfoncées en couches alternées. , dans le but de les faire alternativement plonger et nager. Les compositions sont principalement de trois sortes, à savoir celle de soufre, deux onces, de salpêtre, quatre onces, et de poudre de farine, une once et demie, et environ un quart d'once d'antimoine. La seconde sorte, appelée *charge coulante*, est composée de huit onces de poudre de farine et de trois quarts d'once de charbon de bois. La troisième, appelée *charge ordinaire*, composée de poudre de farine, de salpêtre, de soufre et de charbon de bois, variait dans les proportions suivantes : quelquefois une petite portion de charbon marin ou de sciure y est mêlée.

1. Poudre de farine six livres, salpêtre trois livres, charbon de bois cinq livres.

2. Farine de poudre quatre livres, salpêtre quatre livres, soufre deux livres.

3. Farine de poudre quatre onces, salpêtre une livre, soufre huit onces et demie, charbon de bois deux onces.

4. Poudre de farine, une livre, salpêtre, trois livres, soufre, une livre, charbon de bois, neuf onces.

5. Salpêtre une livre, soufre quatre onces et demie, charbon six onces.

Lors du remplissage, une louche pleine de feu lent est d'abord enfoncée dans l'étui ; puis un ou deux de charge descendante ; la charge commune et la charge descendante sont placées alternativement à environ deux diamètres du sommet. Sur la dernière couche est placée une louche pleine d'argile sèche ; et une perforation pratiquée dans la charge. Le reste de l'étui vers le haut, jusqu'à environ un demi-diamètre, est rempli de poudre de maïs, et deux ou trois plis de papier sont retournés dessus ; lorsque le papier de pilonnage à l'extrémité est fixé avec un fil solide, puis trempé dans de la poix ou de la cire fondue. Lorsque plusieurs roquettes sont lancées à l'eau en même temps, il faudra veiller à sélectionner celles qui ont été remplies et percutées de manière uniforme. Pour protéger les caisses de l'action de l'eau, il est évident qu'elles doivent être préparées telles quelles ; cela se fait en les vernissant avec de l'huile de lin ou un vernis ordinaire.

Les chefs et les voies de communication doivent être préparés de la même manière que les fusées, en ce qui concerne leurs valises ; c'est-à-dire qu'ils doivent être rendus un peu plus solides et, une fois fixés, être vernis comme auparavant ; en prenant soin de ne pas vernir avant que tous vos collages ne soient terminés.

Faire une fontaine de feu pour l'eau.

FAIRE UNE FONTAINE DE FEU POUR L'EAU.

Prévoir un flotteur circulaire de trois pieds de diamètre ; au milieu, fixez un poteau rond de quatre pieds de haut et d'environ deux pouces de diamètre ; autour de ce poteau, fixez trois roues circulaires en bois mince. Placez le plus grand à moins de deux ou trois pouces du fond, qui ne devrait pas être beaucoup plus petit que le flotteur. La seconde roue doit être à environ deux pieds deux pouces, et fixée à deux pieds de la première. La troisième roue doit avoir un diamètre de seize pouces et être fixée à moins de six pouces du haut du poteau. Ensuite, prenez dix-huit caisses de quatre ou huit onces de feu brillant, et placez-les autour de la première roue, l'ouverture vers le haut et l'inclinaison vers le bas ; sur la seconde roue, placez treize caisses de la même manière que celles de la première ; sur la troisième place, huit de plus, de la même manière que précédemment, et au sommet du poteau, fixez une gerbe ; puis habillez les caisses de chefs, afin qu'eux et les gerbes puissent prendre feu en même temps. Avant de tirer cette œuvre, il est préférable de l'essayer dans l'eau pour voir si le flotteur est bien fait, de manière à maintenir la fontaine droite.

Les expositions aquatiques sont presque aussi nombreuses que celles de l'autre genre, mais nous jugeons tout à fait inutile d'en décrire davantage que ce que nous avons déjà fait ; car beaucoup d'entre eux dépendent du goût et de l'ingéniosité du praticien.

Conclusion.

Avant de fermer notre MANUEL, nous remarquerons seulement quelques-uns de nos feux d'artifice publics à Londres. Pendant une semaine à peine, nous sommes arrêtés dans notre progression à travers la ville animée par des pancartes d'environ trois ou quatre pieds de long, avec d'énormes lettres de alternent le noir et le rouge, nous informant d'un grand feu d'artifice à Vauxhall ou dans un autre lieu de divertissement.

Ces répétitions fréquentes bouleversent certainement l'opinion assez généralement reçue, selon laquelle l'art pyrotechnique est sur le déclin en Angleterre. Nos Théâtres Royaux ne dédaignent pas d'appeler la Pyrotechnie à leur aide, car nous avons vu dernièrement une très bonne exposition à Drury Lane, en guise de point culminant de l'Extravagance de *Giovanni à Londres*. Les feux d'artifice à Sadler's Wells au cours de la dernière saison ont été dans l'ensemble très bons, bien qu'un théâtre confiné ne soit certainement pas l'endroit le plus avantageux pour des expositions pyrotechniques. Ce Théâtre ayant l'avantage de l'eau réelle, ils ont de bonnes occasions de former une jonction des deux éléments opposés ; et ce qu'ils firent certainement le dernier soir de leur représentation, avec l'aide de fontaines et de fusées à eau ; — cette démonstration se terminait par la devise appropriée : « ADIEU », dans un feu éclatant.

Les mérites des feux d'artifice de Vauxhall la saison dernière ont été très grands et, en tant que tels, ont été dûment appréciés par le public. Ils étaient à plus grande échelle qu'auparavant et n'ont été surpassés par la magnificence royale que lors de leur exposition dans le parc en 1814.

NOTES DE BAS DE PAGE :

[1] *L'acide nitrique* est un composé d'azot, ou air impur, et d'oxygène, ou air vital, et est parfois fabriqué en faisant passer à plusieurs reprises des chocs électriques à travers un mélange de gaz oxygénés et azotiques.

[2] *La potasse* , ou alcali végétal, est généralement obtenue à partir des cendres de bois ; mais quelquefois du tartre ou des lies du vin : ce qu'on emploie en Angleterre est généralement importé du nord, où il y a une abondance de bois, pour permettre de le brûler à cet effet.

Ce nitrate de potasse existe à l'état naturel, mais il se trouve généralement en très-petite quantité. On le trouve à la surface du sol dans quelques parties de la Perse et des Indes orientales, et il est le plus souvent uni à une espèce de marne jaunâtre, qu'on creuse sur les falaises, sur les flancs des collines, exposées aux vents du nord et de l'est.

[3] *Alumine* , ou *argile* ; on le trouve à divers degrés de pureté et mélangé avec une variété d'autres terres.

[4] C'est de la chaux combinée à de l'acide sulfurique ; on l'appelle Gypse, plâtre de Paris, plâtre-pierre ou sélénite. Il est très abondant dans certaines parties de l'Angleterre, et les collines près de Paris en sont principalement composées.

[5] Du *pyr* , le feu, et *du lignum* , le bois ; l'acide obtenu par la combustion partielle du bois ; cet acide est utilisé dans l'impression en calicot *comme mordant* pour les motifs de couleur foncée.

[6] Nom donné par les chimistes à la partie pure du charbon de bois. On dit qu'il est présent dans presque tous les corps combustibles, et qu'il est par lui-même entièrement de cette nature. Lorsque le charbon de bois est brûlé, son carbone s'unit à l'oxygène de l'air et à suffisamment de chaleur pour lui donner une forme gazeuse, et constitue du gaz acide carbonique ou air fixe. Le même gaz est également obtenu par la combustion du diamant, prouvant que cet article précieux et coûteux est du carbone ou du charbon de bois, dans un état très induré, et prenant une forme déterminée. Ce n'est que récemment qu'il a été prouvé que le diamant était combustible ; mais au moyen du chalumeau et d'un courant d'oxygène gazeux, il peut être, pour parler en langage commun, entièrement consumé. L'air qui est extrait pendant la combustion est du gaz acide carbonique, ce qui prouve que le diamant était principalement, sinon entièrement, composé de carbone.

Bien avant que ce fait concernant le diamant ait été établi, Sir Isaac Newton, raisonnant sur son grand pouvoir réfringent, déclara que c'était son opinion que c'était l'un des corps les plus combustibles. Les découvertes modernes ont maintenant prouvé le fait ; et cela nous offre un exemple admirable de la perspicacité de ce grand philosophe.

[7] La force par laquelle tourne cette roue est très remarquable, car elle réunit en elle ces deux forces opposées qui ont fait l'objet de tant de controverses mathématiques, à savoir la centrifuge et la centripète : il peut paraître comme jouer avec la science d'observer ces forces dans cette production simple, mais qu'elles y existent n'est pas moins évident : car des révolutions des particules enflammées de la composition la première est produite, et de la nature et des propriétés bien connues de la courbe développée, *cæteris paribus* , ce dernier est produit.

Les courbes d'évolution et d'involute possèdent de nombreuses propriétés remarquables, qu'il ne serait pas difficile de développer, mais comme elles ne pourraient être d'aucune utilité pratique pour le pyrotechnicien, nous laisserons cela à ceux de nos lecteurs mathématiques capables d'apprécier. le plaisir que procurent de telles enquêtes. Et pour leur aide, nous les renvoyons aux excellents écrits de Hutton, Simson, Maclaurin, etc. Et à la secte. 4, Livre 2, Principia de Newton, où ils trouveront le sujet magnifiquement illustré.

[8] Les anciens racontent qu'il a formé un homme d'argile ou de terre et qu'il a volé le feu du ciel, avec lequel il a animé l'homme qu'il avait fait.

Divinités païennes.

[9] La figure 11 représente un appareil pour percer des fusées à l'état solide. Si l'on tente cette méthode, c'est une des plus simples que l'on puisse utiliser : AB sont deux blocs mobiles creusés sur leurs bords pour recevoir la fusée. Les CD comportent chacun deux vis, traversant deux côtés du cadre pour les fixer. E est une attelle portant un mors d'obus aux dimensions propres au Rocket. La figure 16 est un embout similaire fixé dans un manche ; ce qui est utile pour nettoyer l'alésage lorsque la fusée est retirée des blocs.

[10] Une ligne est la douzième partie d'un pouce, ou la 144e partie d'un pied. Les géomètres conçoivent la ligne, malgré sa petitesse, comme étant subdivisée en six points. Les nombres dans le tableau auraient pu être donnés en lignes et en points, mais on pensait que les nombres fractionnaires seraient tout aussi bien compris.

[11] Euclide 12. 18. Les sphères sont les unes aux autres comme les cubes de leur diamètre, c'est le principe employé dans la construction de la table ; mais la méthode est inverse : elle consiste à extraire les racines.

[12] Lorsque les bâtons sont de grandes dimensions, ils doivent être percés au sommet et remplis de poudre, ce qui les brisera en morceaux avant leur retour à la terre, et empêchera tout mal qui pourrait arriver par leur chute.

[13] Ainsi appelés, à cause de leur ressemblance (en action) avec la tige portée par Mercure ; qui, selon l'histoire fabuleuse, était entrelacé par deux serpents, comme signe et qualité de sa fonction, qui lui fut donnée pour sa harpe à sept cordes. — Le terme (ou Caduce) était également utilisé chez les Romains et appliqué à un bâton ou baguette de forme similaire, portés par les officiers qui allaient proclamer la paix avec des personnes avec lesquelles ils avaient été en désaccord.

[14] Du terme français *Courant*, signifiant courir.

[15] Terme français désignant *un cluster*.

[16] Le mouvement *absolu* est le changement d'espace absolu ou de lieu des corps, comme le *mouvement d'un projectile*, le vol d'un oiseau ou le mouvement de notre propre appareil.